职业教育“校企双元、产教融合型”系列教材

短视频制作

Short Video

王贵红　陈　程　主　编
阳登群　孙保辉　田　迷　副主编

化学工业出版社
·北京·

内容简介

本书主要介绍短视频的制作方法和技巧，共设置开启短视频之路、制作产品测评短视频、制作影视混剪短视频、制作剧情类短视频、制作产品广告短视频、发布与推广短视频六个项目板块。全书将短视频脚本编写、拍摄、剪辑和运营的技巧分析和案例制作有效结合，通过15个任务实例对不同类型短视频的制作知识和实现方法进行详细阐述。各个任务实例都配有教学微视频、源文件，便于学生自学、实践操作，可扫描书中二维码查看或登录化工教育网下载使用。各个项目都设有知识巩固习题，并配有答案，可扫描书中二维码获取。

本书可作为中等职业院校短视频相关专业课程的教学用书，还可作为短视频编导、短视频摄像师、视频剪辑师等多媒体从业者的参考用书，也可作为短视频制作业余爱好者的学习用书。

图书在版编目（CIP）数据

短视频制作/王贵红，陈程主编；阳登群，孙保辉，田迷副主编. —北京：化学工业出版社，2024.5
ISBN 978-7-122-45292-4

Ⅰ.①短… Ⅱ.①王…②陈…③阳…④孙…⑤田… Ⅲ.①视频制作-中等专业学校-教材 Ⅳ.①TN948.4

中国国家版本馆CIP数据核字（2024）第059026号

责任编辑：李彦玲　　文字编辑：谢晓馨　刘　璐
责任校对：杜杏然　　装帧设计：王晓宇

出版发行：化学工业出版社
（北京市东城区青年湖南街13号　邮政编码100011）
印　　装：北京新华印刷有限公司
787mm×1092mm　1/16　印张$9^3/_4$　字数225千字
2024年7月北京第1版第1次印刷

购书咨询：010-64518888　　售后服务：010-64518899
网　　址：http://www.cip.com.cn
凡购买本书，如有缺损质量问题，本社销售中心负责调换。

定　　价：49.80元

前言 PREFACE

在信息碎片化的数字化时代，短视频不仅仅是一种娱乐工具，更成为一种重要的沟通和表达方式。社交、咨询、电商等领域纷纷通过短视频来进行信息的有效传达和实现与用户的深度互动。党的二十大报告指出，加快发展数字经济，促进数字经济和实体经济深度融合，打造具有国际竞争力的数字产业集群。作为新型传播媒介，短视频具备利用新技术进行内容、手段、形式的创新潜力，融合助力各行业的蓬勃发展。

本教材针对中等职业学校学生的特点，从短视频编辑与制作的角度出发，结合具体案例，由浅入深地讲解短视频创作的核心要素，并结合短视频的类型和短视频制作工具Premiere为新媒体的初学者提供入门技术指导。通过综合实战项目的展示演练，将项目创意和制作技巧有效地结合，并对其制作方法进行了详细的阐述，使学习者对短视频制作形成一个全面的认识。

本教材编写体现了“做中学，做中教”的教学理念。教材难度适中，符合中职生的心理特征和认知规律。在教材内容设计上，紧扣岗位技能标准，以岗位工作过程和岗位能力需求为逻辑主线，将新技术、新工艺、新标准融入教材内容，突出模块化和课程思政，凸显职业教育类型特征，推动学生个性化成长；在教材表现形式上，充分利用现代信息技术，通过文字、图表、视频等形式的综合运用，实现立体化、可视化、情境化的呈现形式，适应各类学生的认知特点。任务实例配套相应的二维码数字资源，体现短视频的实操特性，有利于学生对Premiere软件进行模仿剪辑，促进学生知识、能力和职业素养的多维发展，培养学生探索性、创新性思维品质。

本教材是校企合作、产教融合的实践成果，充分体现了职业教育校企合作办学的特点。全书由王贵红、陈程担任主编，由阳登群、孙保辉、田迷担任副主编，张乐、冉璐璐、王妤、程玉洁、罗吉安、李虹霓、戴顺利、张远伟、刘银涛、殷佳美、赵长钰、周纯然、邓贵丹参编。编写过程中，重庆昭信研究院提出了许多宝贵意见，在此表示衷心的感谢。由于时间、水平有限，书中难免存在不足，敬请广大读者不吝赐教。

编者

2023年10月

目录 CONTENTS

项目三

项目四

项目一

开启短视频之路

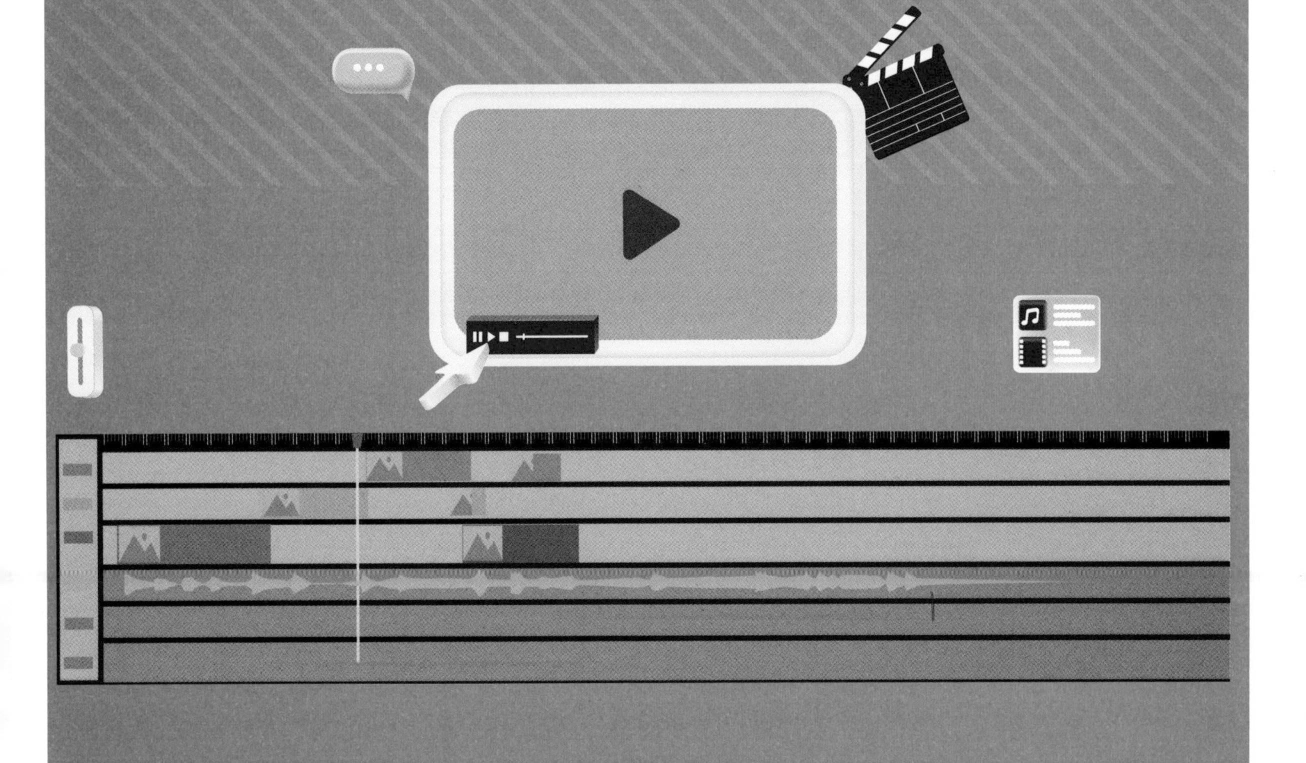

【项目导读】

随着互联网的发展和技术的进步，出现了一种崭新的视频形态。它以秒为时间单位，是主要依托手机等智能移动终端，可实现无地域及时间限制的实时拍摄、实时分享至公共媒体和社交平台上的新型视频形式，它就是短视频。短视频集拍摄和美化编辑于一体，融合了文字、音频和视频等要素，满足各个年龄层次的用户表达和分享的需求，是一种更直观的社交沟通方式。

本项目主要介绍短视频的概念与类型、短视频的发展历程、短视频的制作流程，以及拍摄短视频所需的拍摄器材、辅助器材和视频制作软件。学习本项目内容可以为后期的短视频拍摄与制作提供理论知识，打下坚实基础。

【学习目标】

素质目标

1. 养成良好的审美意识。
2. 养成良好的工作态度、创新意识以及精益求精的工匠精神。
3. 养成自主学习的意识和习惯。

知识目标

1. 了解短视频的发展现状与趋势、短视频的概念和类型。
2. 熟悉短视频拍摄所需的拍摄器材、辅助器材、剪辑工具和Adobe Premiere Pro软件工作界面。
3. 掌握短视频的制作流程和Adobe Premiere Pro软件编辑流程。

能力目标

1. 能够正确选择短视频拍摄器材拍摄短视频。
2. 能够正确使用Adobe Premiere Pro软件制作短视频。

知识一　初识短视频

在中国移动互联网的应用场景中，短视频占据着用户时间和流量的首要位置。与传统的图文形式相比，短视频不仅同样具有轻便、简洁的特性，而且能够传递更丰富的信息，展现形式也更生动直接。人们利用碎片时间浏览短视频，并且通过弹幕、评论、分享进行社交互动，让短视频具备了病毒式传播潜力，大大增加了短视频的影响力。

一、短视频的定义

短视频是指在各种新媒体平台上播放的、适合在移动和短暂休闲状态下观看的、频繁推送的视频内容，时长通常在几秒钟至几分钟之间。短视频有着生产流程简单、制作门槛低、参与性强等特点，它是现在时代信息的一种表达方式。

二、短视频的发展历程

短视频的发展历程可分为萌芽期、探索期、爆发期、成熟期四个阶段。

1.萌芽期：2011年—2012年

短视频的萌芽期通常被认为是2013年以前，特别是2011年—2012年。这一时期最具代表性的事件是GIF快手（快手前身）的诞生。短视频用户群体较小，用户喜欢的内容往往来自影视剧的二次加工和创作，或者截取自影视综艺类节目中的片段。在短视频萌芽时期，人们开始意识到网络的分享特质以及短视频制作的门槛并不高，这为日后短视频的发展奠定了基础。

2.探索期：2013年—2015年

短视频的探索期是2013年—2015年，以美拍、腾讯微视、秒拍和小咖秀为代表的短视频平台逐渐进入公众的视野，被广大网络用户接受。在这一时期，第四代移动通信技术（简称“4G”）开始投入商业应用，一大批专业影视制作者加入短视频创作者的行列，这些因素推动了短视频行业的发展。短视频行业出现了一大批优秀的作品，吸引了大量新用户。同时，短视频在技术、硬件和创作者的支持下，已经被广大网络用户熟悉，并表现出极强的社交性和移动性特征，优秀的内容提高了短视频在互联网内容形式中的地位。

3.爆发期：2016年—2017年

短视频的爆发期是2016年—2017年，以抖音、西瓜视频和火山小视频（现为抖音火山版）为代表的短视频平台都在这一时期上线。短视频行业百花齐放，众多互联网公司也受短视频市场巨大的发展空间和红利吸引，加速在短视频领域进行布局。各大短视频平台也投入了大量资金来支持内容创作，从源头上激发创作者的热情。大量的资金不断地涌入短视频行业，为短视频的发展奠定了坚实的经济基础。

在这一时期，短视频行业呈爆发式增长。短视频平台和创作者的数量都迅速增加，这使短视频得到了更好的传播和分享，短视频作品的数量也大幅度增加。大量的短视频作品吸引更多用户使用短视频平台，并让更多创作者加入短视频行业，从而推动短视频行业良性发展。

4.成熟期：2018年至今

从2018年至今属于短视频的成熟期。这一时期的短视频出现了搞笑、音乐、舞蹈、宠物、美食、旅游、游戏等垂直细分领域，如图1-1-1所示。另外，短视频行业也呈现“两超多强”（抖音、快手两大短视频平台占据大量市场份额，其他多个短视频平台占据少量市场份额）的态势。同时，各大短视频平台也在积极探索短视频的商业盈利模式，并开发出多种短视频变现的方式。另外，这一时期的短视频行业在各种政策和法规的规范下开始正规化发展。

图1-1-1　垂直细分领域

三、短视频的类型

目前，各大平台上的短视频类型多种多样，其针对的目标用户群体也各不相同。下面将从短视频渠道类型、短视频内容类型及短视频生产方式类型来介绍不同类型的短视频。

1.短视频渠道类型

短视频渠道就是短视频的流通线路。按照平台特点和属性，短视频可以细分为五种渠道，分别是资讯客户端渠道、在线视频渠道、短视频渠道、媒体社交渠道和垂直类渠道，具体见表1-1-1。

表 1-1-1　短视频渠道类型

资讯客户端渠道	包括今日头条、天天快报、一点资讯、网易新闻客户端、UC 浏览器等
在线视频渠道	包括爱奇艺、腾讯视频、优酷视频、哔哩哔哩（B 站）等
短视频渠道	包括抖音、快手、秒拍、美拍、微视、西瓜视频、梨视频、火山小视频等
媒体社交渠道	包括微信、微博、QQ 等
垂直类渠道	包括淘宝、京东、蘑菇街等

2.短视频内容类型

按照短视频内容类型大致分为以下7种。

（1）“吐槽”段子类

这类短视频较受人们的喜爱与关注。“吐槽”指在他人话语或某事中找到一个切入点进行调侃的行为。“吐槽”在使用恰当的情况下可以为观众带来极大的乐趣，因此被许多短视频创作者采用。“吐槽”段子类短视频的形式可以分为个人“吐槽”类、播报类和情景剧类。

（2）访谈类

这类短视频比较常见，而且这类短视频非常火爆。这类短视频有两种形式：一种是当一个被采访者回答完问题后，提出一个问题让下一个人回答；另一种是所有的被采访者都固定回答同一个问题。这类短视频的看点是路人的颜值及问题的话题性。

（3）电影解说类

做电影解说类短视频，声音不一定要多好听，但一定要有辨识度和特色。而且在电影素材的选择上也很有讲究，电影素材一般选择热门电影等。做电影解说类的短视频不一定是解说电影剧情或“吐槽”，也可以进行电影盘点，为网友推荐一些优秀的电影作品等。

（4）文艺清新类

这类短视频主要针对文艺青年，其内容与生活、文化、习俗、风景等有关，视频内容的风格给人一种纪录片、微电影的感觉。这类短视频的画面一般很优美，色调清新淡雅。不过，这类短视频的选题是最难的，而且比较小众。与其他类型的短视频相比，这类短视频的播放量会比较少，但也有非常成功的自媒体。这类短视频虽然播放量少，但粉丝黏性非常高，变现也比较容易。

（5）时尚美妆类

这类短视频所针对的目标群体大多是一些对美有追求和向往的女性，她们选择观看短视频是为了能够从中学习一些化妆技巧来帮助自己变美。微博、微信公众号等平台上涌现出大量的时尚美妆博主，她们通过发布自己的化妆短视频，逐渐积累自己的粉丝群体，吸引美妆品牌商与之合作，成为时尚美妆行业营销的重要推广方式和渠道之一。

（6）美食类

由于美食在我们的生活中占据着重要的位置，因此美食类短视频不仅能使人身心愉悦，还能让人产生共鸣。美食类短视频不仅可以向观众展示与美食有关的技能，还可以释放出拍摄者及出镜人对生活的乐观与热情。无论观众是什么身份，都会与美食产生交集。强大的普适性和较低的准入门槛，让众多内容创作者投身于美食类短视频。

（7）实用技能类

这类短视频通常以生活小窍门为切入点，如可乐的5种奇特用法、勺子的8种不寻常用法等，制作出精彩的技能短视频，然后通过抖音、微博、微视等平台进行“病毒式”传播。总体来看，这类短视频的剪辑风格清晰，节奏较快，一般情况下一个技能会在1～2分钟内讲清楚，而且短视频的整体色调和配乐都较轻快，会让人有兴趣驻留并观看完毕。

3.短视频生产方式类型

短视频按生产方式可以分为用户生产内容（User Generated Content，UGC）、专业用户生产内容（Professional User Generated Gontent，PUGC）和专业生产内容（Professional Generated Content，PGC）三种类型，其特点见表1-1-2。

表1-1-2　短视频生产方式类型

UGC	成本低，制作简单 商业价值低 具有很强的社交属性
PUGC	成本低，有编排，有人气基础 商业价值高，主要靠流量盈利 具有社交属性和媒体属性
PGC	成本低，专业和技术要求较高 商业价值高，主要靠内容盈利 具有很强的媒体属性

① UGC——平台普通用户自主创作并上传内容。普通用户指非专业个人生产者。

② PUGC——平台专业用户创作并上传内容。专业用户指拥有粉丝基础的网络红人或者拥有某一领域专业知识的关键意见领袖（KOL）。

③ PGC——专业机构创作并上传内容，通常独立于短视频平台。

四、短视频的制作流程

1.确定主题

做短视频或者写文章，都要先明确一个主题。有了主题，才有明确的目标，才能更快、更直接地完成任务。很多初学者刚开始做自媒体，就是随意拍随意发，没有明确的主题。这样的内容是空洞的，没有意义，平台也不会推广。

2.编辑文案

编辑文案脚本，就是把视频想要表达的内容提前写下来，比如时间、镜头内容、台词等提前写出来，可以避免拍摄的时候出现遗漏或忘词的尴尬。有了文案脚本后再进行拍摄，可以大幅度提高效率。

3.视频拍摄

根据提前准备好的文案脚本进行拍摄，每个镜头一般会多拍几次作为剪辑的备份。拍视频最简单的工具是手机和三脚架，追求视频效果可以用单反相机。手持手机或相机会出现抖动现象，需要用到三脚架稳定镜头，观看体验会更好。

4. 视频剪辑

视频拍摄完成后需要剪辑，剪辑最常见的工作是裁剪掉多余的画面内容，把不同的片段拼接成一个完整的视频。如果是用电脑操作，初学者可以使用剪映软件，也可以使用相对专业一些的Adobe Premiere Pro软件来剪辑。如果是用手机剪辑的话，可以使用快剪辑、剪映；想专业一些的话，安卓系统可以用快影，iOS系统可以选择Videoleap。

5. 添加字幕

用手机制作视频，用APP直接就可添加，用电脑制作的话，可以用ArcTime。它是一款专业的跨平台字幕软件，功能强大，简单高效，可以快速创建和编辑时间轴，进行文本编辑。

【任务评价与反思】 

序号	评价内容	评价标准	配分	评分记录		
				学生互评	组间互评	教师评价
1	陈述短视频的概念与发展历程	表述清晰流利，内容准确完整	25			
2	陈述短视频的类型	表述清晰流利，内容准确完整	25			
3	陈述短视频的制作流程	表述清晰流利，内容准确完整	25			
4	沟通交流	能够和教师、小组成员进行沟通交流，且态度积极、结果有效	25			
总分			100			
任务反思						

知识二　选择拍摄制作工具

工欲善其事，必先利其器。在制作短视频之前，应根据拍摄目的、投入资金等实际情况准备好拍摄器材、灯光、三脚架、稳定器、声音设备、视频剪辑软件等。

一、拍摄器材

常用的短视频拍摄器材有手机、相机和摄像机等。

1.手机

短视频创作已经成为一种流行的表达方式，越来越多的人用手机拍摄自己的短视频，并分享到各种短视频平台。这些平台也提供了方便的短视频拍摄、编辑功能，让任何人都能轻松制作出有趣的短视频，如图1-2-1所示。

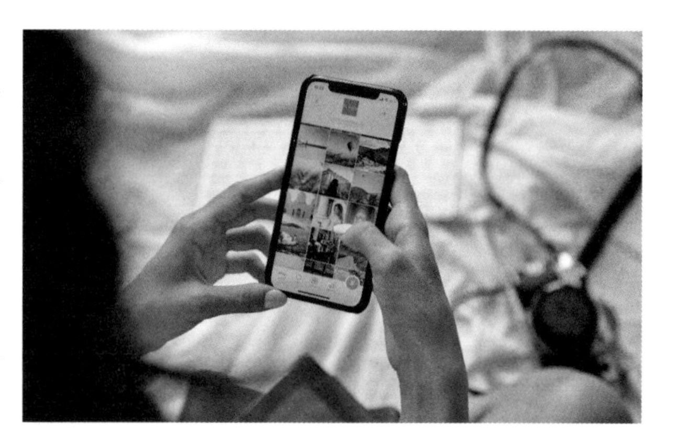

图1-2-1　手机制作短视频

随着智能手机的更新迭代，手机拍摄的视频质量也有了很大的提升，现在的手机都具备了4K视频、光学变焦、光学防抖、超广角、弱光摄影等功能，可以满足日常的短视频拍摄需求。

手机拍摄短视频有很多优势。比如操作简单，不需要太多的参数设置，适合初学者使用；方便携带，可以随时随地拍摄自己喜欢的场景；画质清晰，尤其是在光线充足的情况下，可以拍出自然、美观的短视频。

不同品牌的手机拍摄短视频也有不同的特点，比如苹果手机的色彩还原度高，更接近真实效果，方便后期编辑；国产手机则有很多滤镜效果，可以拍出鲜艳的风景和美丽的人物，减少后期处理的工作。用户可以根据自己的喜好和需求选择合适的手机拍摄设备。

当然，手机拍摄短视频也有一些局限性，比如手机摄像头的清晰度、感光度、防抖度都不如专业的拍摄设备，对于一些复杂的拍摄场景可能无法达到理想的效果。

2.相机

单反相机是拍摄短视频的常用设备之一，与摄像机相比，单反相机更轻巧、更经济；与手机相比，单反相机画质更高、更专业，如图1-2-2所示。使用单反相机拍摄视频需要了解两个概念：分辨率和帧速率。

图1-2-2　单反相机

（1）分辨率

在拍摄视频之前要进行分辨率的选择，常见的分辨率有以下几种：高清720P（1280×720）、1080P（1920×1080）、2K（2048×1080）和4K（4096×2160）。分辨率越高，画质越清晰，占用的存储空间就越大。

（2）帧速率

帧速率是指每秒能够播放或录制的帧数，其单位是帧每秒（fps）。帧速率越高，画面效果越流畅，占用内存就越大。在拍摄短视频前要选择视频制式，其中就包含了帧速率的选择。目前主要有两种视频制式：一种是欧洲等国家和我国使用的视频标准——PAL（Phase Alteration Line），即50帧每秒作为720P高清视频的标准帧速率，25帧每秒作为广电标准帧速率；另一种是美国等国家的视频标准——NTSC（National Television Standards Committee），即60帧每秒作为720P高清视频的标准帧速率，30帧每秒作为广电标准帧速率。一般来说，12帧每秒拍摄出来的短视频已经很流畅了，如果视频画质要求不高，为了存储空间可以不设置过高的帧速率。

3.摄像机

数码摄像机作为专用的视频拍摄设备，在稳定性、拍摄画质等方面都有十分出色的表现，如图1-2-3所示。因此，拍摄电视节目、电影等常常会使用摄像机。如果需要制作更加精良的短视频，就必须用摄像机。摄像机更加昂贵、笨重，而且为了保证拍摄质量和效果，通常还要搭配更多配件，比如摄像机电源、摄像机电缆、摄影灯、彩色监视器、三脚架等，便携性便大大降低了。

图1-2-3　摄像机

二、辅助器材

1.灯光

在短视频拍摄中，光线是非常重要的影响因素，是构图、造型的重要手段。光线不同，产生的艺术效果就不同，给人的感觉也不同。常见的拍摄灯光有钨丝灯、LED灯、荧光灯、镝灯，如图1-2-4所示。如果拍摄场景的环境比较明亮，也可以使用手机自带的灯光进行补光和柔化。

2.麦克风

部分短视频拍摄，往往需要现场收音，而麦克风就可以获得更好的收音效果，清晰录制人声和环境音。不过，如果是后期配音的话，也可以不用入手麦克风，可以直接将文案放入配音中，然后选择符合短视频内容的配音员，调整一下音速和音调，就可

图1-2-4　常用拍摄灯光

以完成配音了。

3. 脚架

相机脚架是摄影师必备的辅助工具之一，能够提供稳定的拍摄平台，帮助摄影师更好地捕捉每一个精彩瞬间。常见的相机脚架有很多种，比如单脚架、三脚架、章鱼支架等。其中三脚架是最常见的，也是最实用的一种，如图1-2-5所示。

4. 手持稳定器

如果需要用手拿着手机拍摄短视频的话，那么可以考虑使用手持稳定器，使得运镜更加流畅，拍摄出来的画面也不会抖动，从而给予观众更好的观看体验。如图1-2-6所示。

图1-2-5　三脚架

图1-2-6　手持稳定器

三、剪辑工具

1. 剪映：抖音热点玩法一应俱全

剪映是一款功能强大、操作简单的视频编辑工具，它考虑了用户的不同需求，提供了多种流行的剪辑风格模板，让用户可以自由选择。用户可将视频直接分享至抖音和西瓜视频发布。

例如，卡点视频是一种很受欢迎的短视频形式，它通过动感的画面切换来吸引观众。用户可以利用剪映的自动踩点功能来制作这种视频，还可以根据自己的喜好选择不同的踩点模式，展现出个性化的剪辑效果。此外，剪映还有丰富且优质的音乐素材，覆盖了各种风格和情绪，用户可以添加多段音乐作为视频背景音乐，让视频作品更加协调和完美。

另一个值得一提的功能就是剪映的自动识别字幕功能，它可以根据视频中的人声识别出字幕，并自动添加到视频中。这样，用户就不用事先准备文稿，也不用一句一句地输入字幕，节省了很多时间和精力。

2. 快影：快手趣味剪辑一键实现

快影是北京快手科技有限公司旗下一款简单易用的视频拍摄、剪辑和制作工具。用户可将视频直接分享至快手发布。在快影中，用户可以轻松完成视频编辑和视频创意，制作出令人惊艳的趣味视频。快影具备强大的视频剪辑功能，用户可以自由分割视频，修剪视频两端不想要的画面，轻松复制多段视频，修改作品方向，进行视频拼接，倒放作品，实现时光倒流，变速视频节奏，以及更改视频比例等。

此外，快影还提供了丰富的音乐库、音效库和新式封面，让用户在手机上就能轻松制作出高质量的视频作品。对于那些需要制作搞笑段子、游戏和美食等视频的用户，快影是一个优质的选择，特别适合用于30秒以上视频的制作。

3.必剪：B站虚拟形象新奇体验

必剪是哔哩哔哩出品的视频剪辑工具，不仅针对发布者，还针对普通用户，可以创建专属虚拟形象，实现零成本做虚拟发布者。此外，必剪还可以实现高清录屏、游戏高光识别、神配图、封面智能抠图、视频模板、封面模板、批量粗剪、录音提词、文本朗读、语音转字幕、画中画、蒙版等功能。

在必剪中，还有音乐、素材及专业画面特效，能够让视频编辑更加丰富。还有一个重要功能是“一键投稿”，支持投稿免流量，哔哩哔哩账号互通，能够让发布者投稿快人一步。它还支持图片素材智能追踪人脸和物体，解锁更多创作玩法。

4.InShot：丰富动感贴纸美化界面

InShot是一款功能强大的视频制作和视频编辑软件，抖音上不少热门的视频都是用InShot进行后期制作的。基础剪辑功能InShot全部涵盖。除了超级转场效果、免费音乐曲库、电影感的滤镜和特效等，InShot最大的特色之一就是内置多种多样的动态贴纸，包括可爱表情、潮流引用（quote）或一些特效贴纸。加入有设计感的贴纸，会让整个视频画面活泼又生动。这些贴纸大部分是免费的，贴纸和字体也都支持从外部导入，非常方便。

InShot还有很多小功能，比如给视频套框，修改不同的背景图和背景色，裁切视频画面，调节视频速度，等等。作为比较全面的视频编辑软件，InShot也可以编辑图片和制作拼图。InShot还有个可圈可点的属性就是社交属性，它支持分享视频到抖音、快手等短视频APP，极大地简化了优质短视频的制作流程。

5.快剪辑：在线视频剪辑边剪边传

快剪辑是国内首款支持在线视频剪辑的软件，由360公司推出，拥有海量定制化视频模板，能满足不同行业用户的使用需求，适用于电商营销、内容营销、短视频创作等场景。它集云端素材管理、视频剪辑创作、内容分发于一体，拥有视频裁剪、合成、截取等功能，且支持添加文字、音乐、特效、贴纸等操作。用户无需剪辑基础，进入网站首页即可开始创作，还可以选择两种剪辑方式：模板剪辑和自由剪辑。快剪辑的剪辑模式是在线剪辑、边剪边传，大大提升了视频剪辑效率。制作的视频可以直接存储在云端，无需占用本地内存，同时实现视频渲染云端处理，突破本地设备性能瓶颈，导出速度接近1∶1，成品支持下载到本地和一键分享。

6.Adobe Premiere Pro：界面简洁，专业性强

Adobe Premiere Pro是Adobe公司所开发的一款专业视频编辑软件。这款软件目前在全世界的用户量是很高的，不管是踩点、卡点，还是视频调色和特效等，都很专业。不过作为专业软件，它有一定的操作难度，很多专业的剪辑师比较喜欢。其需在电脑端操作，界面简洁。

【任务评价与反思】

序号	评价内容	评价标准	配分	评分记录		
				学生互评	组间互评	教师评价
1	陈述常用拍摄器材的特点及优缺点	表述清晰流利，内容准确完整	25			
2	陈述灯光及其它辅助器材的功能	表述清晰流利，内容准确完整	25			
3	陈述常见剪辑工具的功能	表述清晰流利，内容准确完整	25			
4	沟通交流	能够和教师、小组成员进行沟通交流，且态度积极、结果有效	25			
总分			100			
任务反思						

知识三 了解视频制作软件——Adobe Premiere Pro CC 2022

Adobe Premiere Pro是Adobe公司旗下的一款视频编辑软件，提供了采集、剪辑、调色、美化音频、字幕添加、输出、DVD刻录的一整套流程，并和其他Adobe软件，例如Photoshop 、After Effects高效集成，足以完成在编辑、制作、工作流程上遇到的所有挑战，提升创作能力和创作自由度，满足创建高质量作品的要求。

一、Adobe Premiere Pro CC 2022工作界面

Adobe Premiere Pro CC 2022（以下简称Premiere）的界面主要包括综合区域、监视器区域、“时间轴”面板、工具栏和音波表，工作界面如图1-3-1所示。在素材编辑工作中，通过对窗口中各面板的操作来完成影视作品的制作，下面介绍工作界面中各部分的名称及功能。

Premiere Pro CC 2022 工作界面介绍

1.菜单栏

Premiere的主要功能都可以通过执行菜单栏中的命令来完成，使用菜单命令是最基本的操作方式，菜单命令如下。

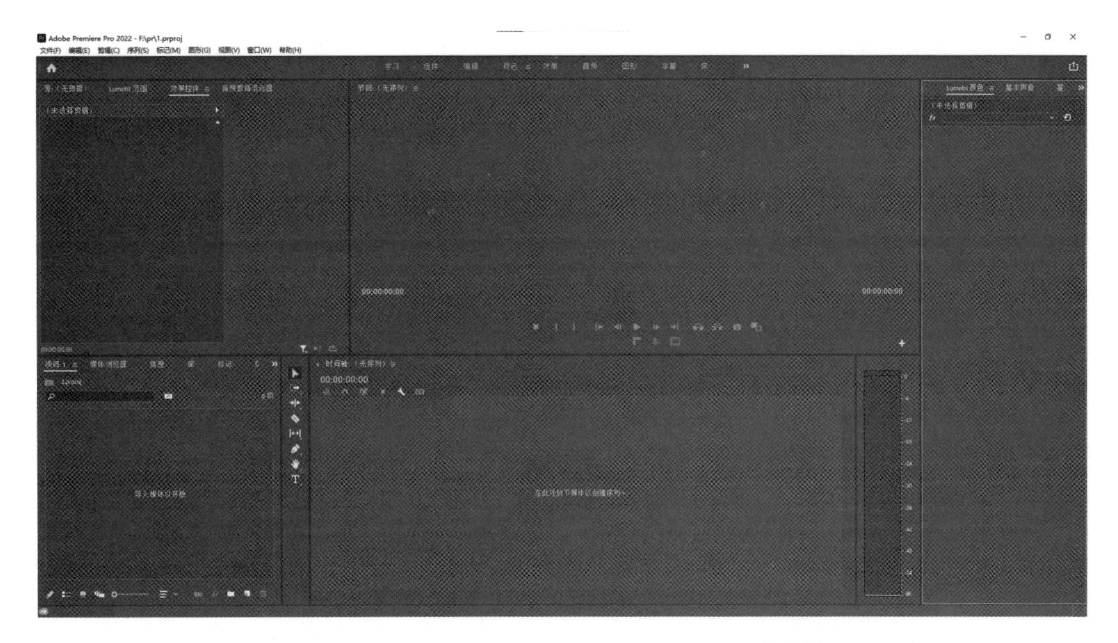

图1-3-1　Adobe Premiere Pro CC 2022工作界面

文件：主要是创建、打开和保存项目，采集、导入外部视频素材，输出影视作品等操作命令。

编辑：提供对素材的编辑功能，例如还原、复制、清除、查找等。

剪辑：主要用于对素材的编辑处理，包含了重命名、移除效果、插入和覆盖等命令。

序列：主要用于在“时间轴”面板上预染素材，改变轨道数量。包含了序列设置、渲染入点到出点的效果、添加轨道和删除轨道等命令。

标记：主要用于对标记点进行选择、添加和删除操作。包含了标记剪辑、添加标记、转到下一标记、清除所选标记和编辑标记等命令。

图形：可以从Typekit在线安装字体，可安装、导出动态图形模板，新建图层，选择上一个图形，选择下一个图形等。

窗口：主要用于显示或关闭Premiere软件中的各个功能面板。

帮助：提供了程序应用的帮助命令、支持中心和管理扩展等命令。

2.“项目”面板

在Premiere中，“项目”面板位于左下角的综合面板中，如图1-3-2所示。“项目”面板可以存放建立的序列和导入的素材，面板上方区域会显示选择素材的缩略图和基本信息，下方为文件存放区域，可以对序列与素材文件进行导入与管理。

图1-3-2　“项目”面板

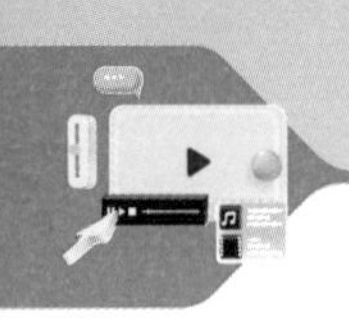

3."时间轴"面板

"时间轴"面板如图1-3-3所示。在"时间轴"面板中，图像、视频和音频素材有组织地编辑在一起，加入各种过渡、效果等，就可以制作出视频文件。其主要的功能之一就是序列间的多层嵌套，也就是将一个复杂的项目分解成几个部分，每一部分作为一个独立的序列来编辑，各序列编辑完成后再统一组合为一个总序列，形成序列间的嵌套。灵活应用嵌套功能，可以提高剪辑的效率，能够完成复杂庞大的影片编辑工程。"时间轴"面板为每个序列提供一个名称标签，单击序列名称就可以在序列之间切换，如图1-3-4所示。

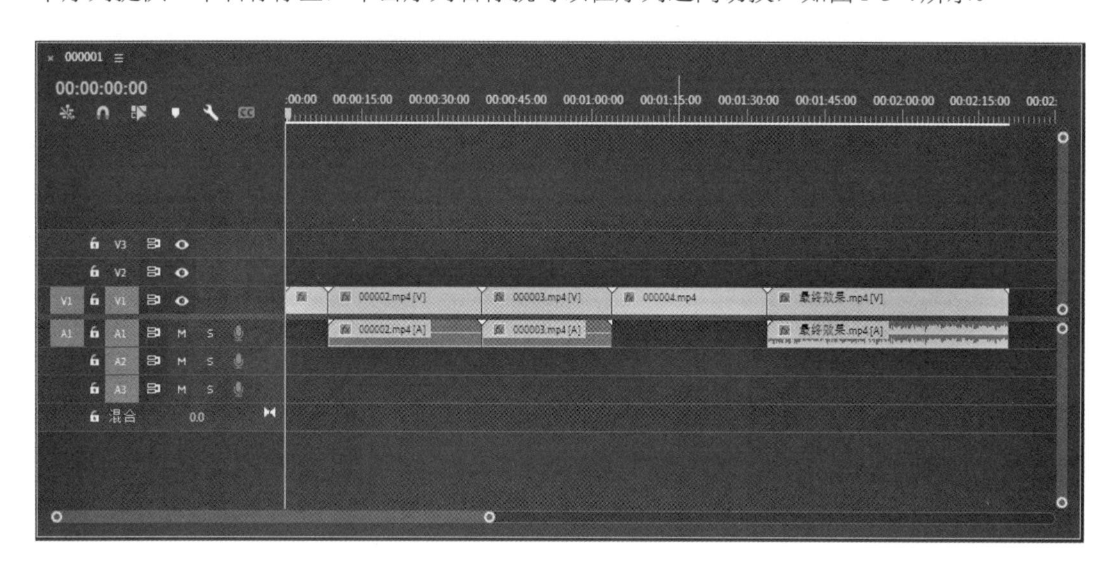

图1-3-3 "时间轴"面板

4.工具栏

工具栏提供了编辑影片的常用工具，如图1-3-5所示。

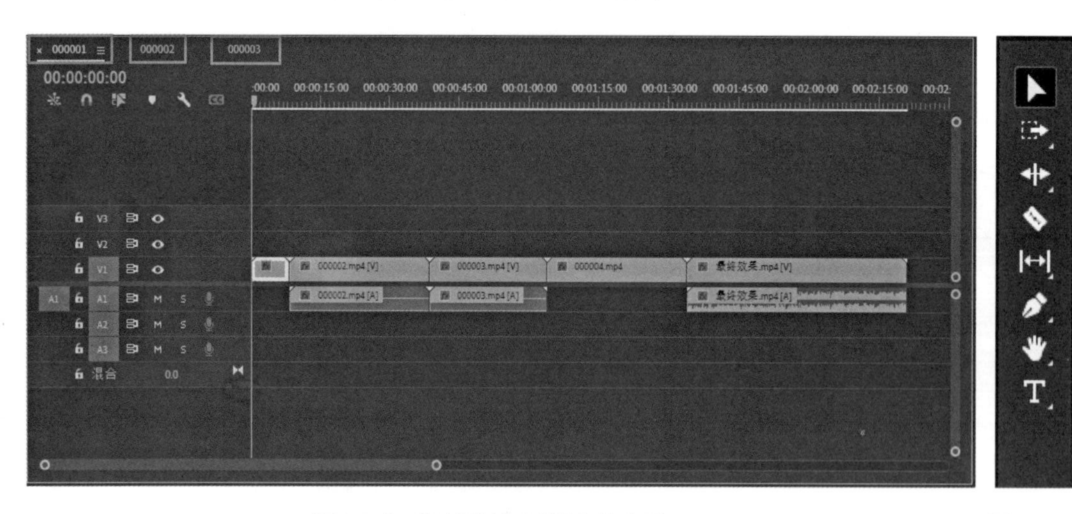

图1-3-4 "时间轴"面板上的序列

图1-3-5 工具栏

5. 监视器

监视器是实时预览影片和剪辑影片的重要面板，由两个部分组成，如图1-3-6所示。左边是“源”监视器面板，主要用于对素材的浏览与粗略地编辑。右边是“节目”监视器面板，用于预览“时间轴”面板上正在编辑或已经完成编辑的影片效果。

图1-3-6　监视器

6. “效果控件”面板

“效果控件”面板用于控制对象的运动、不透明度、时间重映射以及效果的设置，如图1-3-7所示。

图1-3-7　“效果控件”面板

7. “音频剪辑混合器”面板

“音频剪辑混合器”面板是一个专业、完善的音频混合工具，利用它可以混合多段音频，进行音量调节以及音频声道的处理等，如图1-3-8所示。

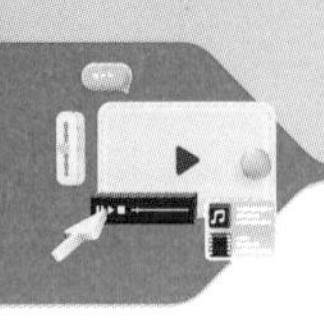

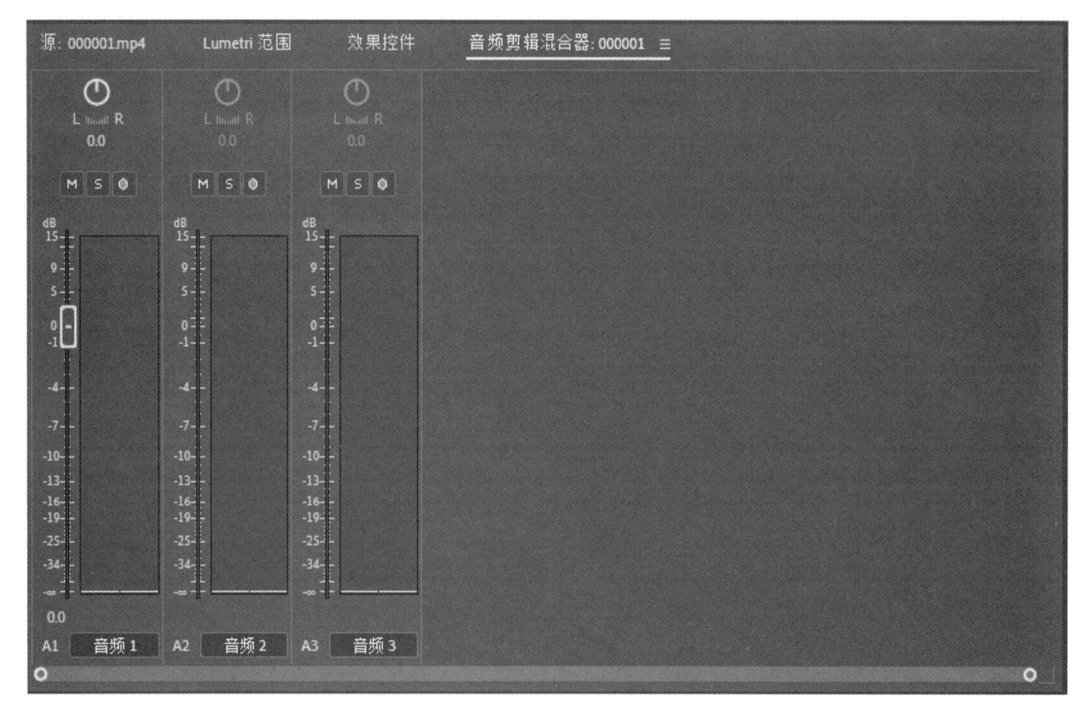

图 1-3-8 “音频剪辑混合器”面板

8.“效果”面板

“效果”面板如图1-3-9所示，包括预设、Lumetri 预设、音频效果、音频过渡、视频效果、视频过渡。

9.“信息”面板

在“信息”面板中，主要显示被选中素材及过渡的相关信息，如图1-3-10所示。用鼠标在“项目”面板或“时间轴”面板上单击某个素材或过渡，在“信息”面板中就会显示出被选中素材或过渡的基本信息，和所在的序列及序列中其他素材的信息。

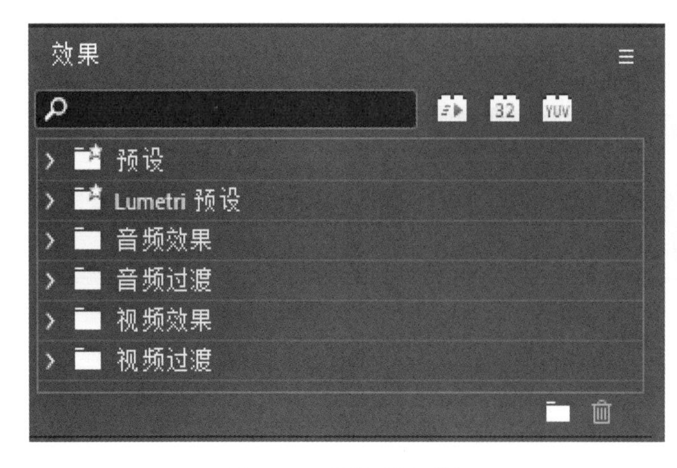

图 1-3-9 “效果”面板

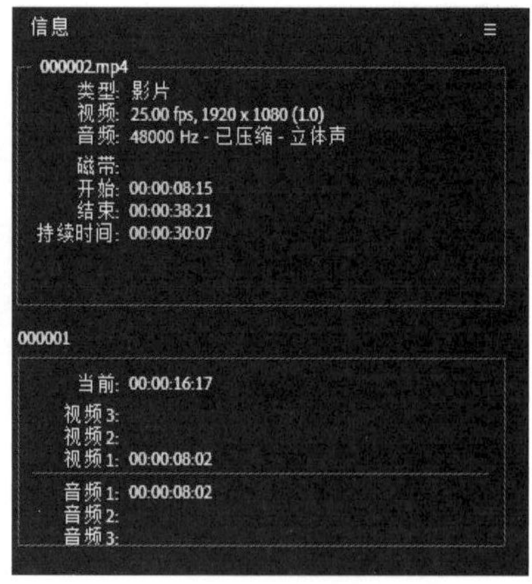

图 1-3-10 “信息”面板

10.“历史记录”面板

“历史记录”面板可以记录编辑过程中的所有操作。在剪辑的过程中，如果操作失误，可以单击“历史记录”面板中相应的命令，返回到操作失误之前的状态，如图1-3-11所示。

11.“媒体浏览器”面板

“媒体浏览器”面板为快速查找、导入素材、覆盖选择项提供了非常方便的途径，在这里如同在系统根目录中浏览文件一样，找到需要的素材，可以直接将它拖曳到“项目”面板、“源”监视器面板或时间轴轨道上，如图1-3-12所示。

12.音波表

音波表位于“时间轴”面板的右侧，当有声音的素材播放时，音波表中以波形表示声音的大小，单位为分贝（dB）。查看音波表可以辅助用户统一不同素材的声音大小，如图1-3-13所示。

图1-3-11　“历史记录”面板

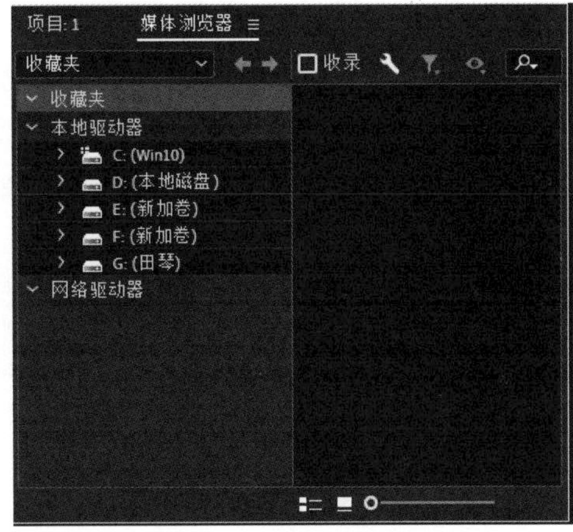

图1-3-12　“媒体浏览器”面板

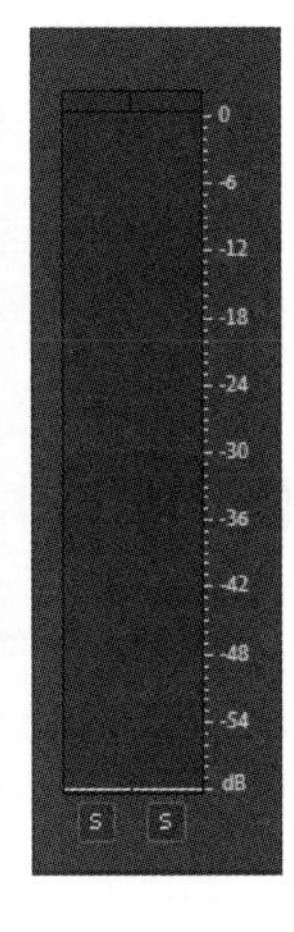

图1-3-13　音波表

二、Premiere视频编辑流程

Premiere用来将视频、音频和图片素材组合在一起，制作出精彩的数字影片。但在制作之前必须准备好所需的素材，这些素材需要借助其他软件进行加工处理。一般来说，利用Premiere制作数字影片需要经过以下几个步骤。

1.撰写脚本和收集素材

在运用Premiere进行视频编辑之前，首先要认真对影片进行策划，拟定一个比较详细的提纲，确定所要创作影片的主题思想；接下来根据影片表现的需求撰写脚本；脚本准备好了之后就可以收集和整理素材了。收集途径包括截取屏幕画面，扫描图像，用数码相机拍摄图像，用DV拍摄视频，从素材库或网络中收集各种素材，等等。

2.创建新项目，导入收集的素材

启动Premiere，创建一个项目，然后导入已整理好的各类素材。

3. 编辑、组合素材

在导入素材后，根据需要对素材进行修改，如剪切多余的片段、修改播放速度与时间长短等。剪辑完成的各段素材还需要根据脚本的要求，按一定顺序添加到时间轴的视频轨道中，将多个片段组合成表达主题思想的完整影片。

4. 添加视频过渡、效果

使用过渡可以使两段视频素材衔接更加流畅、自然。添加视频效果可以使影片的视觉效果更加丰富多彩。

5. 字幕制作

字幕是影片中非常重要的部分，包括文字和图形两个方面，使用字幕便于观众准确理解影视内容。Premiere使用字幕设计器来创建和设计字幕。

6. 添加、处理音频

为作品添加音频效果。处理音频时，要根据画面表现的需要，通过背景音乐、旁白和解说等手段来加强主题的表现力。

7. 导出影片

影片编辑完成后，可以生成视频文件发布到网上或刻录成DVD。

【任务评价与反思】

序号	评价内容	评价标准	配分	评分记录		
				学生互评	组间互评	教师评价
1	简单操作 Premiere Pro CC 2022 并陈述其工作界面各部分的名称及功能	操作思路清晰，表述清晰流利，内容准确完整	40			
2	陈述 Premiere 视频编辑流程	表述清晰流利，内容准确完整	30			
3	沟通交流	能够和教师、小组成员进行沟通交流，且态度积极、结果有效	30			
总分			100			
任务反思						

【知识巩固】

一、选择题

1. 从短视频的发展历程上看，在（　）年是爆发期。

A.2015　　B.2016　　C.2017

2. 在短视频渠道类型中，（　）类型不包括在“在线视频渠道”。

A. 爱奇艺　　B. 腾讯视频　　C. 在线学习平台

3.（　）拍摄设备轻便、小巧，便携性高，拍摄便捷，入门门槛低，更容易上手。

A. 手机　　B. 相机　　C. 摄像机

4. 成本低、制作简单的短视频生产方式是（　）。

A.UGC　　B.PUGC　　C.PGC

5. 可以创建专属虚拟形象的剪辑软件是（　）。

A. 剪映　　B. 快影　　C. 必剪

二、判断题

1. 短视频是指在各种新媒体平台上播放的、适合在移动状态和短时休闲状态下观看的、高频推送的视频内容，时长在几秒钟到几分钟不等。（　）

2. 短视频的发展现状是呈持续增长的。（　）

3. 短视频行业的技术创新将主要围绕推荐、安全、背景三个方面展开。（　）

4. 分辨率越高，画质越清晰，占用的存储空间就越小。（　）

5. 访谈类短视频的画面一般很优美，色调清新淡雅。（　）

三、简答题

1. 短视频有哪几种类型？

2. 制作短视频的流程是什么？

项目二

制作产品测评短视频

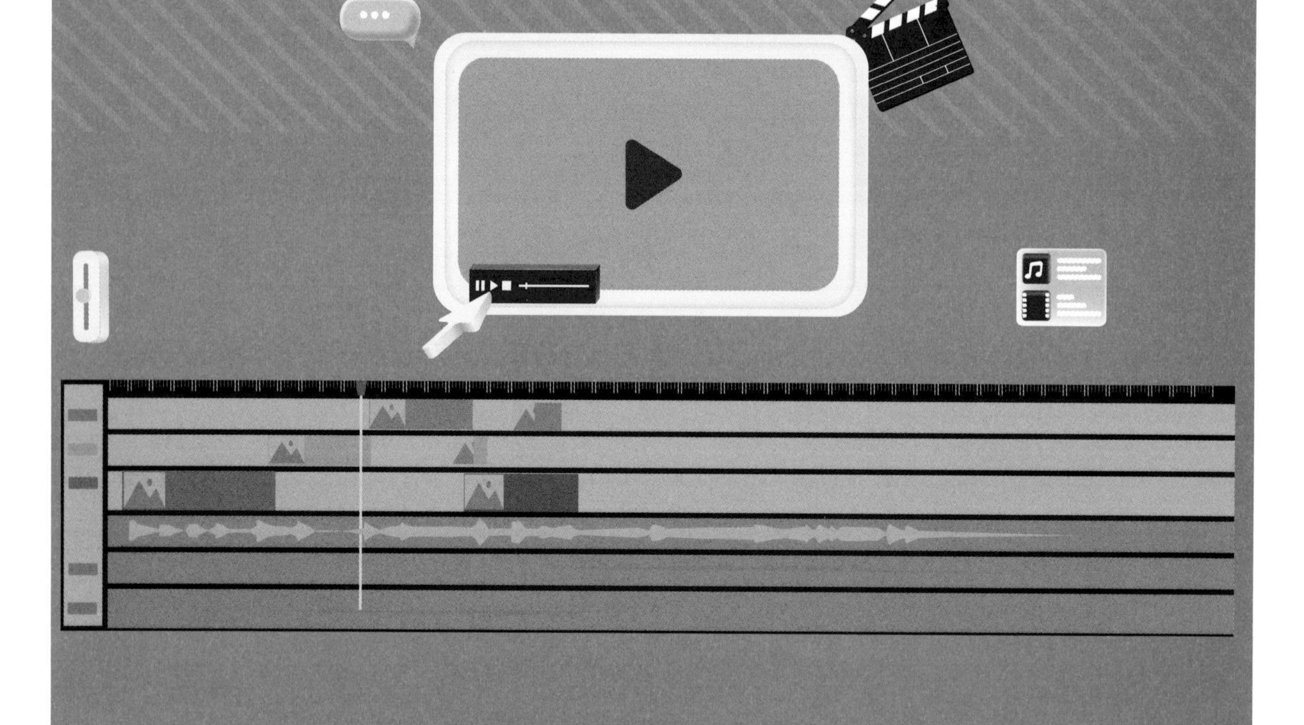

【项目导读】

产品测评短视频的核心自然是产品本身。这类短视频通常以主持人或内容创作者为主角，通过展示和讲解的方式对所测评的对象进行详细的分析和评价，可以帮助观众更好地了解和选择适合自己的产品。

产品测评短视频的特点是简洁明了、观点鲜明、信息丰富。由于视频时长有限，内容创作者通常会选择重点突出的方面进行介绍，并提供自己的观点和建议。同时，为了提高观众的关注度和吸引力，产品测评短视频通常会采用生动有趣的表现手法，如幽默的语言、动画效果等，以带来更好的观看体验和增加吸引力。

本项目介绍产品测评短视频的前期策划、中期拍摄及后期制作。通过撰写视频脚本，合理地分配构图，形成不同的效果。在后期制作中，组合成一个完整的产品测评短视频。

【学习目标】

素质目标

1. 养成构图美感和健康向上的审美情趣。
2. 养成良好的工作态度、创新意识以及精益求精的工匠精神。

知识目标

1. 了解脚本、收音设备和Premiere常见术语。
2. 熟悉景别、景深、拍摄角度、常见音频和视频格式。
3. 掌握产品测评短视频脚本撰写方法和字幕设置方法。

能力目标

1. 能够根据产品特点撰写产品测评短视频的拍摄脚本。
2. 能够正确使用拍摄工具拍摄产品测评短视频。
3. 能够使用Premiere软件制作完整的产品测评短视频。

任务一 策划产品测评短视频

【任务描述】

根据对任务的理解，撰写一个风扇测评短视频脚本。要求产品特点清晰，文案逻辑通顺，具有吸引力。

【任务分析】

在做任何事情之前，都需要拟定一定的计划作为行动的方向。制作视频也是如此，需要先撰写脚本，作为拍摄和剪辑的基础。而产品测评短视频重点就在于前期脚本的撰写。

【知识准备】

一、脚本介绍

1.脚本的功能

脚本作为短视频的拍摄提纲、框架，能提高短视频拍摄的效率，使拍摄流程标准化。有了它可以提前准备拍摄所需的内容，并指导后期剪辑。此外，通过使用脚本，制片人可以更好地规划和管理拍摄过程，从而减少浪费和失误，最终降低整个视频制作的成本。

2.脚本的形式

脚本有三种类型：拍摄提纲、文学脚本以及分镜头脚本。

拍摄提纲：在拍摄前，将预期拍摄的内容要点罗列成拍摄提纲，作为短视频搭建的基本框架。适用于新闻纪录片、故事片，拍摄内容具有很大的不确定性。

文学脚本：在拍摄提纲上丰富细节，列出所有可控因素的拍摄思路，使脚本更加丰富和完善。除了一些不可控因素，其他场景安排尽在其中，在时间效率上也较为适宜。适用于画面加表演而不需要剧情的短视频。

分镜头脚本：分镜头脚本要求十分细致，每一个画面都须在掌控之中，创作起来最耗费时间和精力。创作时必须清楚表明对话和音效等，方便拍摄和后期制作。适用于画面要求高、故事性较强的短视频。

3.确定短视频脚本的形式

（1）根据内容确定脚本形式

不同定位方向的短视频具有不同内容，选择符合内容的脚本形式。

① 直接套用传统脚本。纪录片、故事片等偏重画面，采用分镜头脚本。剧情类、搞笑

类内容偏重情节，采用文学脚本和分镜头脚本相结合的形式。

② 短视频改良型脚本。生活类、数码类的内容节奏较快，可以使用文学脚本的形式进行改良。宠物类内容可以使用拍摄提纲和口播稿相结合的形式。时尚美妆类内容可以使用较详细的拍摄提纲加上口播稿的形式。

（2）根据团队确定脚本形式

① 团队人员分工明确，脚本应该尽量完整。

② 团队人员可以身兼多职，并且可以全程参与，采用改良文学脚本。

③ 团队较小，分工不明确，缺少机器，采用改良文学脚本和分镜头脚本的形式。根据定位方向，对脚本形式进行改良。文学脚本更适用于短视频节目。但还是要将文学脚本细致化，加入细节创意点、互动点等内容。

4. 传统脚本与短视频脚本的区别

（1）目的和形式

传统脚本主要用于影视剧、舞台剧等长视频制作，追求的是剧情的完整性和连续性。而短视频脚本主要用于短视频创作，更注重表达特定的创意和想法，以及抓住观众的注意力。

（2）内容和结构

传统脚本有着相对固定的结构，包括开头、发展、高潮和结尾等，注重人物设定、情节展开和对话描写。而短视频脚本更注重简洁性，往往需要在很短的时间内表达完整的故事情节或创意，因此常常采用快节奏、跳跃式的内容呈现方式。

（3）视觉效果和节奏

传统脚本对视觉效果和节奏的考虑较少，主要以对话和剧情推动为主。而短视频脚本则更加注重视觉冲击力和节奏感，往往会使用更多的特效、音乐和剪辑手法来提高视觉吸引力。

（4）即时性和互动性

与传统脚本不同，短视频脚本更加强调即时性和互动性。在拍摄过程中，制作者需要根据观众的反应和反馈随时调整拍摄内容和方式，以适应观众的需求和口味。

5. 短视频脚本的制作流程

（1）明确主题和目的

主题可以是表达某种情感、讲述一个故事，或者是传授某种知识等。目的是吸引观众的注意力，让观众能够快速了解主题并且产生兴趣。

（2）组织故事情节

根据主题和目的，将故事情节组织起来，并且按照一个清晰的故事线进行排列。注意要尽可能地让情节有趣、吸引人，而且要在短时间内表达清楚。

（3）编写对话和场景描述

在组织好故事情节之后，需要编写对话和场景描述。对话要能够推动情节发展，而且要自然、生动。场景描述要能够将故事背景、人物形象和环境氛围等描写清楚。

二、撰写测评脚本

1.测评脚本的类型

（1）产品介绍

主要用于介绍产品的基本信息，包括产品名称、品牌、功能特点、适用场景等。可以按照逻辑顺序组织脚本，清晰地介绍产品的各个方面。

（2）产品体验

主要围绕对产品的实际使用体验展开，可以描述产品的外观、使用过程中的感受、优点和不足等。可以结合实际操作演示，展示产品的功能和效果。

（3）产品对比

主要用于比较产品与其他类似产品之间的差异和优劣。可以列出各个产品的特点和性能指标，进行客观的比较，并给出自己的评价和建议。

（4）问题解答

主要用于回答观众对产品的常见问题和疑惑。可以事先收集观众的问题，然后按照问题的顺序编写脚本，给出清晰的解答和建议。

（5）教程演示

主要用于演示产品的使用方法和操作步骤。可以按照逻辑顺序编写脚本，详细地介绍每个操作步骤，并给出相关的注意事项和使用技巧。

2.常见测评脚本的撰写公式

（1）开箱类视频："直切主题+产品介绍+体验展示"

主要采取第一人称视角，着力展示产品的外观、包装和配件等细致内容，使观众能在第一时间获取到产品的外观和包装的第一手信息。它强调的是使用者的第一印象，包括产品的手感、重量和质感等方面，意在向观众传达产品最直接的感受。此类视频的脚本撰写可遵循"直切主题+产品介绍+体验展示"的构思。

例如：直切主题——"今天我们来对××产品进行测评"；产品介绍——详细介绍产品的各种配件及其具备的功能；体验展示——亲身体验这个产品的实际功能。

（2）口播类视频："提出问题+解决问题+结果展示"

这类视频不需要过分依赖拍摄技巧，基本将手机或相机固定好，人物面向镜头进行解说，极少运用复杂的运镜技巧或景别变化。通常采用中景或近景拍摄，被拍摄者主要通过讲述、面部表情以及上肢动作来传递信息，画面的重点在人物本身。口播类视频强调的是实用内容分享，避免过多铺垫或讲解与主题无关的内容。由于短视频的时间限制，需要在短时间内准确表达核心内容，否则观众容易失去耐心。针对这类视频，脚本可遵循"提出问题+解决问题+结果展示"的逻辑。

例如：提出问题——"如何在夏天去海边穿得既防晒又好看"；解决问题——分享三种

穿搭方案；结果展示——展示穿搭的实际效果。

（3）带货类视频："设定情境+产品亮点+解决问题"

带货类视频具有两个主要目标，一是增加产品的曝光量，二是提升产品的销售量。为了实现这些目标，这类视频需要不断突出产品的亮点，例如出色的性能、优惠的价格以及吸引人的外观等特点。此外，将产品融入实际生活场景中也是一个有效策略。当观众看到与自己有关的相似场景时，会产生共鸣，认为视频中的内容与自己的生活息息相关。场景越是"接地气"，越能吸引更多的观众。为了编写这类视频的脚本，可以遵循"设定情境+产品亮点+解决问题"的思路。

例如：设定情境——猫粮不合猫的胃口，但平时的猫粮量都太大，不好更换；产品亮点——这款猫粮适合各个年龄段的猫，并且有多种口味可供选择；解决问题——这款猫粮提供试用装，因此不用担心买回去后因猫不喜欢而浪费。

【任务实施】

步骤一： 分析产品特点。便携风扇小巧精致，操作简单，具有多种风速调节模式。风扇采用静音技术，便于携带，可以随时随地享受清凉。风扇采用高效节能的设计，贯彻环保理念。

步骤二： 定义受众和视频类型。办公室工作人员群体及学生群体，以开箱作为切入点，进行体验测评。

步骤三： 制定大纲。直切主题——"今天我们来测评便携风扇"；产品介绍——风扇的包装、配件以及基本功能；体验展示——测试实际风力大小。

步骤四： 完善脚本。

风扇测评脚本

夏天来了，这个天气是让人越来越受不了了。前段时间我在网上下单了一款据说很好用的便携风扇，下面我们就一起拆开来看看吧，我买的是粉色。

接下来我们就打开产品包装。包装还是可以的，用泡沫袋包裹着，里面还有一条数据线。开箱完成，只有两样东西。这小风扇有三挡风力可以调节。这外观也挺漂亮的。

让我们来看看这小风扇的风力到底行不行，就拿旁边的纸巾来试试吧。现在的是一挡，不错不错，一挡这风力。换个二挡看看。三挡风力明显加大。这小风扇还是值得购买的。

今天的视频就到这里。

【任务评价与反思】

任务评价						
序号	评价内容	评价标准	配分	评分记录		
				学生互评	组间互评	教师评价
1	产品分析	能够完成产品分析，要求产品特点清晰、受众明确	30			
2	脚本撰写	能够完成产品测评短视频脚本，且思维逻辑清晰、产品特点鲜明、实施设计落地	50			
3	沟通交流	能够和教师、小组成员进行沟通交流，且态度积极、结果有效	20			
总分			100			
任务反思						

任务二 拍摄产品测评短视频

【任务描述】

根据对任务的理解，拍摄一条产品测评短视频。要求镜头平稳，收音清晰。

【任务分析】

产品测评短视频在拍摄时需注意景别、景深以及拍摄角度的运用，力求将产品的特点和细节清晰明了地展示在观众面前。同时，收音也是此类短视频的重点，尽量避免环境音的干扰，收录清晰的人声或产品音，更方便后期制作。

【知识准备】

一、景别

景别是指在焦距一定时，由于摄像机与被摄主体的距离不同，而造成被摄主体在摄像机录像器中呈现出的范围大小的区别。景别的划分，一般可分为五种，由近至远分别为特写、近景、中景、全景、远景。

1.特写

拍摄人像的面部（肩膀以上）或局部的镜头，如眼睛、鼻子、嘴、手指、脚趾等细节，如图2-2-1所示，为美国早期电影导演格里菲斯所创。特写的造型感非常强，具有极其鲜明、强烈的视觉效果，可以把人或物从周围环境中强调出来，强制着观众用“凝视”的方法观看。特写既可以用来突出某一物体细部的特征，提示其特定含义，也可以用来表现人物神态的细微变化，把人物某一瞬间的心灵信息传达给观众。

2.近景

拍摄画面在人体胸部以上的称为近景，如图2-2-2所示。近景是一种能够把人物或被摄主体拉近观众的景别。在这种景别中，人物的头部，特别是眼睛，会占据画面的大部分空间，从而吸引观众的注意力。近景适合用来细化人物的面部表情和情感变化，展现人物的内心世界。在近景中，背景环境被削弱，只起到辅助作用。有时候，摄影师会利用一些措施让背景变得模糊，这样可以让被摄主体更加突出、更加清晰。

图2-2-1　特写

图2-2-2　近景

3.中景

拍摄画面在人体膝部以上，是几乎最接近人类观察周围环境方式的景别。这种景别不仅能使观众看清人物表情，而且有利于显示人物的形体动作。如图2-2-3所示。中景的广泛取景使得多个人物和他们的活动能够在同一画面中展现，这有助于揭示角色之间的关系。在电影中，中景占据了大部分比例，主要用于需要识别背景或展示动作路线的场景。利用中景，不仅可以增强画面的纵深感，展现特定的环境和气氛，而且通过镜头的切换，还能有序地叙述冲突的发展过程，因此常被用来讲述剧情。

4.全景

全景可清楚地看到人的全身，画面包括人体的全部及周围部分环境，如图2-2-4所示。它能够展示人物的全身动作（如行走、跳舞、攀爬等），描绘事件的全貌，阐述时间、地点和时代特征，同时也有助于展现人与环境的关系。

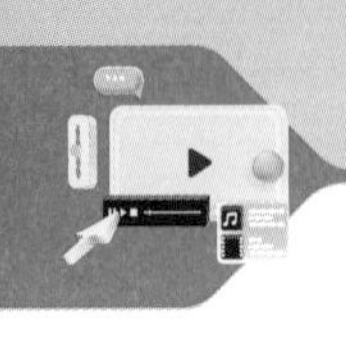

图2-2-3　中景

图2-2-4　全景

5.远景

远景是指把整个人和所在环境都拍摄在画面里的景别，常用来标识事件发生的时间、环境、规模和气氛。在远景中，人物在画面中的大小通常不超过画面高度的一半，可以展示开阔的场面或广阔的空间，因此这种画面在视觉上更为广阔和深远，节奏也较为舒缓，通常用于展示开阔的场景或远处的人物。大远景比远景视距更远，适合展现更加辽阔深远的背景和浩渺苍茫的自然景色。这类镜头，或者没有人物，或者人物只占很小的位置，犹如中国的山水画，着重描绘环境的全貌，给人以整体感觉。远景在影片中主要用来介绍环境、渲染气氛，如图2-2-5所示。

二、景深

景深是指在摄像机镜头或其他成像器前沿能够取得清晰图像的成像所测定的被摄物体前后距离范围。在景深之内的影像比较清晰，在景深外的影像则比较模糊，如图2-2-6所示。景深通常由物距、镜头焦距以及镜头的光圈值所决定。光圈越大（光圈值F越小），镜头焦距越长，主体越近，景深越浅；反之景深越深。

图2-2-5　远景

图2-2-6　景深内外的影像对比

三、拍摄角度

拍摄角度是指拍摄人物、事件或动作的角度，包括拍摄方向、拍摄高度和拍摄距离三部分，统称为几何角度。除此之外，还有心理角度、主观角度、客观角度和主客角度。在拍摄现场选择和确定拍摄角度是摄影师的重点工作，不同的角度可以得到不同的造型效果，具有不同的表现功能。不论是大俯大仰，还是纪实再现，或夸张表现，均有特殊的表现意义。

1.拍摄方向

拍摄方向是指以被摄对象为中心，在同一水平面上围绕被摄对象四周选择摄影点。在拍摄距离和拍摄高度不变的条件下，不同的拍摄方向可展现被摄对象不同的侧面形象，以及主体与陪体、主体与环境的不同组合关系变化。拍摄方向通常分为：正面拍摄、侧面拍摄、斜面拍摄、背面拍摄。

（1）正面拍摄

正面拍摄是指摄像机镜头与被摄对象的视平线或中心点一致，直接对准被摄对象进行拍摄，如图2-2-7所示。这种拍摄角度的特点是画面给人一种庄重的感觉，构图具有对称的美感。它适合用来捕捉壮观的建筑物，展示其正面全貌；在拍摄人物时，能够较为真实地展现人物的正面形象。然而，正面拍摄的缺点是立体感不强，因此通常需要通过场面的布置来增加画面的纵深感。

（2）侧面拍摄

侧面拍摄是指摄像机与被摄对象侧面成垂直角度的拍摄位置，用以展现被摄对象的侧面形象，如图2-2-8所示。侧面拍摄分为左侧和右侧两种位置。在人像摄影中，侧面拍摄有助于勾勒被摄对象的侧面轮廓。对于客观对象而言，许多对象只有通过侧面角度才能清晰地展现其外貌，例如人行走时的身影、各种车辆的外观以及特定工具的特性。在这样的情况下，侧面拍摄能更好地凸显对象的特色。相比于正面角度，侧面角度拍摄更为灵活，可以在垂直角度的左右进行微调，以找到最好地展现对象侧面形象的拍摄位置。

图2-2-7　正面拍摄

图2-2-8　侧面拍摄

（3）斜面拍摄

斜面拍摄指的是偏离正面角度，或者从左侧或右侧环绕对象移动到侧面角度之间的拍摄位置。斜面拍摄角度位于正面拍摄和侧面拍摄之间，如图2-2-9所示。斜面拍摄能够在一个画面中同时展现对象的两个侧面，给人以鲜明的立体感。

（4）背面拍摄

背面拍摄是指从被摄对象的背后进行拍摄，此时被摄对象的正面朝向的环境空间成为背景。这种拍摄方式常用于制造悬念感和参与感，例如在一些犯罪题材的电影中，观众往往无法看到演员的表情，因此对演员的表现产生更大的兴趣，如图2-2-10所示。

图2-2-9　斜面拍摄

图2-2-10　背面拍摄

2. 拍摄高度

拍摄高度是指摄像机与被摄对象所处的水平线之间的距离，可以用拍摄者站立在地平面上的平视角为依据，或以摄像机镜头与被摄对象所处的水平线为依据。

（1）平摄

平摄是指摄影（像）机与被摄对象处于同一水平线的一种拍摄角度，如图2-2-11所示。平摄常用于展示日常场景或常人所见的视角，给人一种亲近和真实的感觉。通过平摄，观众可以更直接地参与到场景中，与被摄对象进行情感上的共鸣和交流。平摄还有助于展现被摄对象的细节和周围环境，营造出稳定和平衡的画面效果。无论是电影、纪录片还是广告等各种形式的影像作品中，平摄都是常用的拍摄角度之一，能够为观众提供身临其境的观影体验。

图2-2-11　平摄

（2）仰摄

仰摄是指摄影（像）机从低处向上拍摄的一种角度，适用于拍摄高处的景物，能够使景物显得更加高大雄伟，如图2-2-12所示。仰摄常用于代替影视人物的视角，可表达对英雄人物的歌颂或对某种对象的敬畏。有时可表达被摄对象之间的高低位置。由于透视关系，仰摄镜头使画面中的水平线降低，从而改变了前景和后景中物体的高度对比，使处于前景的物体得到突出和夸大的效果，从而创造出独特的艺术效果。

（3）俯摄

俯摄是指摄影（像）机由高处向下拍摄的一种角度，给人以低头俯视的感觉。俯摄镜头视野开阔，可用来表现浩大的场景，如图2-2-13所示。采用高角度拍摄时，画面中的水平线抬高，周围环境得到更为充分的展示，而前景中的物体投射在背景上，给人一种被压迫至地面的感觉，使其显得矮小而压抑。俯摄镜头被广泛应用于展现反面人物的可憎渺小或揭示人物的卑劣行径。

图2-2-12　仰摄

图2-2-13　俯摄

3.拍摄距离

拍摄距离指相机和被摄主体间的距离。在使用同一焦距的镜头时，相机与被摄主体之间的距离越近，相机能拍摄到的范围就越小，被摄主体在画面中占据的位置也就越大；反之，拍摄范围越大，被摄主体显得越小。通常根据选取画面的大小、远近，可以把景别分为特写、近景、中景、全景和远景。

四、收音设备介绍

1.录音原理

录音是将声音信号记录在介质上的过程。其基本原理是电磁转换，即通过磁头对磁带的磁化来完成声音记录的过程。声音信号经话筒转换成随声音变化的音频电流，经录音放大器放大后，再送到录音线圈，使录放磁头产生一个随音频信号变化的磁场。当录音匀速经过录放磁头时，磁带被磁化，磁带离开磁头后保留了随音频变化的剩磁，这样要录的声音信号便以剩磁的方式记录下来。

2.常用的录音设备

（1）专业话筒

专业话筒是拍摄短视频时用于获取高质量音频的标配设备。传统的有线话筒如Shotgun（枪式）话筒、Lavalier（领夹式）话筒是常见选择。它们具有良好的音频接收能力和抗干扰能力，能够准确捕捉拍摄者的声音。

（2）手持录音设备

手持录音设备（例如便携式音频录音机或数码录音笔）是另一种常见的选择。它们具有内置或可外部连接的麦克风，用于录制环境音、采访声音或采集其他音频素材。这些设备小巧便携，方便在不同情境下录音。

（3）无线话筒

无线话筒是通过无线传输技术将录音设备与话筒连接起来，避免了有线话筒的限制。拍摄者可以自由移动话筒而不用担心被线缠绕，适用于行动拍摄或需要灵活录音的场景。

（4）同步录音设备

当需要对视频拍摄中的声音进行更高质量的录制和处理时，同步录音设备将会派上用场。它们能够与摄像机进行连接，实现音频和视频的同步记录，通常包括使用专业话筒和多轨录音功能。

（5）手机或平板电脑

现代智能手机或平板电脑通常内置麦克风和录音功能，可以用作简单的录音设备。配合适当的录音软件，如专业音频应用程序，可以获得不错的音频质量。

（6）耳机

耳机用于听取和评估录音效果。

（7）防喷罩和支架

防喷罩可以防止唾液或呼出的气流直接喷到麦克风上，从而提升录音效果。支架则可以固定麦克风，防止因手持不稳而产生噪声。

（8）音频处理器

音频处理器用于处理录音信号，例如混响、均衡、压缩等处理，以达到更好的录音效果。

3.影响录音的因素

（1）录音环境

选择一个相对安静的环境进行录音，避免噪声和干扰。可以选择在隔音房间、静音工作室或室外环境安静的地方进行录音。

（2）噪声

尽可能减少环境噪声，关闭其他设备或使用隔音材料来降低外部干扰。如果无法避免噪声，可以考虑使用降噪软件或后期处理来减少噪声。

（3）麦克风位置

正确放置麦克风可以明显改善录音效果。通常将话筒放置在离声源较近又不会过于接近的位置。如果是环境录音，可以尝试不同位置和角度来获得最佳的音频捕捉效果。

（4）音量

避免录音过程中声音过于高强的情况，可以调整麦克风增益或输入音量来获得适当的音量水平。保持声源距离麦克风合适的距离，避免声音过于模糊或失真。

【任务实施】

步骤一：工作人员详细阅读脚本和产品说明书，了解产品的功能并能够熟练操作产品。

步骤二：根据脚本准备相关的拍摄辅助道具，布置恰当的拍摄环境与灯光氛围。通过摄像机调整画面构图。

步骤三：根据脚本完成产品测评短视频的拍摄。

注意事项：

① 产品拍摄要注意拍摄商品的每个细节，包括全身、正面、背面、侧面、细节、内部、外部、公司信息（名称、Logo、联系方式、网址等）。

② 尽量在光线充足的环境拍摄，有条件的可使用打光设备。

③ 如果使用多组镜头切换拍摄录制，要为视频、音频素材整理标号，方便后期剪辑。

【任务评价与反思】

任务评价						
序号	评价内容	评价标准	配分	评分记录		
				学生互评	组间互评	教师评价
1	拍摄工作	能够依据脚本完成视频拍摄，且操作熟练、规范	30			
2	拍摄效果	能够按需求完成任务制作，同时画质、音效清晰，拍摄景别、角度合理，视频素材完整	50			
3	沟通交流	能够和教师、小组成员进行沟通交流，且态度积极、结果有效	20			
总分			100			
任务反思						

任务三 剪辑产品测评短视频

【任务描述】

根据对任务的理解，剪辑一条风扇测评短视频。要求产品特点明了，节奏清晰，具有吸引力。

【任务分析】

短视频导入导出时，需要对Premiere软件的常用术语、视频和音频的常用格式有一定的了解。产品测评短视频以文本为主，在制作时需要把文字内容以字幕的形式体现，方便观众观看。

【知识准备】

一、常用术语

1.项目

在Premiere软件中制作视频的第一步就是创建项目。在项目中，对视频作品的规格进行定义，如帧尺寸、帧速率、像素纵横比、音频采样、场等，这些参数的定义会直接决定视频作品输出的质量及规格。

2.像素纵横比

像素纵横比是组成图像的像素在水平方向与垂直方向之比。帧纵横比是一帧图像的宽度和高度之比。计算机产生的像素是正方形，电视所使用图像的像素是矩形。在影视编辑中，视频用相同帧纵横比时，可以采用不同的像素纵横比。例如，帧纵横比为4 ∶ 3时，可以用1.0（正方形）的像素纵横比输出视频，也可以用0.9（矩形）的像素纵横比输出视频。以PAL制式为例，以4 ∶ 3的帧纵横比输出视频时，像素纵横比通常选择1.067。

3.SMPTE时间码

在视频编辑中，通常用时间码来识别和记录视频数据流中的每一帧。从一段视频的起始帧到终止帧，其间的每一帧都有唯一的时间码地址。根据电影与电视工程师协会（SMPTE）使用的时间码标准，其格式是“时：分：秒：帧”，用来描述剪辑持续的时间。若时基设定为30帧每秒，则持续时间为00：02：50：15的剪辑表示它将播放2分50.5秒。

4.帧和场

帧是构成视频的最小单位，每一幅静态图像称为一帧。因为人的眼睛具有视觉暂留现象，所以一张张连续的图片会产生动态画面效果。而帧速率是指每秒能够播放或录制的帧数，其单位是帧每秒（fps）。传统电影播放画面的帧速率为24fps，NTSC制式规定的帧速率为29.97fps（一般简化为30fps），而我国使用的PAL制式的帧速率为25fps。

场是指视频的一个垂直扫描过程，分为逐行扫描和隔行扫描。电视画面是由电子枪在屏幕上一行一行地扫描形成的，电子枪从屏幕最顶部扫描到最底部称为一场扫描。若一帧图像是由电子枪按顺序一行接着一行连续扫描而成，称为逐行扫描。若一帧图像通过两场扫描完成则称为隔行扫描。在两场扫描中，第一场（奇数场）只扫描奇数行，依次扫描1、3、5行；而第二场（偶数场）只扫描偶数行，依次扫描2、4、6行。

在Premiere软件中奇数场和偶数场分别称为上场和下场，每一帧由两场构成的视频在播放时要定义上场和下场的显示顺序，先显示上场后显示下场称为上场顺序，反之称为下场顺序。

5.序列

在Premiere软件中，“序列”就是将各种素材编辑（添加过渡、效果、字幕等）完成后的作品。Premiere软件允许一个“项目”中有多个“序列”存在，而且“序列”可以作为素材被另一个“序列”引用和编辑，通常将这种情况称为“嵌套序列”。

二、常用的音频、视频格式

1.常用的音频文件格式

（1）WAV格式

WAV是微软公司开发的一种声音文件格式，也称为波形声音文件格式，是最早的数字音频格式，Windows平台及应用程序都支持这种格式，是目前广为流行的声音文件格式。

（2）MP3格式

MP3是一种音频文件格式，它采用MPEG Audio Layer3数据压缩技术，能够把文件压缩到较小的程度，而且非常好地保持了原来的音质。

（3）MIDI格式

MIDI是Musical Instrument Digital Interface的缩写，译为“乐器数字接口”，是数字音乐电子合成乐器的国标标准。MIDI文件中存储的是一些指令，把这些指令发送给声卡，由声卡按照指令将声音合成出来。

（4）WMA格式

WMA的全称是Windows Media Audio，是微软公司推出的用于Internet的一种音频格式。它即使在较低的采样频率下也能产生较好的音质，支持音频流技术，适合在线播放。

（5）RealAudio格式

RealAudio是Real Networks公司开发的软件系统，其特点是可以实时地传输音频信息，尤其是在网速较慢的情况下，仍然可以较为流畅地传送数据，主要适用于网络上的在线播放。RealAudio文件格式主要有RA、RM和RMX三种。

2.常用的视频文件格式

（1）AVI格式

AVI是微软公司于1992年推出的将语音和影像同步组合在一起的文件格式，它可以将视频和音频交织在一起进行同步播放。AVI的分辨率可以随意调整，窗口越大，文件的数据量也就越大。AVI主要应用在多媒体光盘上，用来存储电视、电影等各种影像信息。

（2）MPEG格式

MPEG原指成立于1988年的动态图像专家组，该专家组负责制定数字视/音频压缩标准。目前已提出MPEG-1、MPEG-2、MPEG-4等，MPEG-1被广泛用于VCD与一些网络视频片段的制作。使用MPEG-1算法，可以把一部120分钟长的非数字视频的电影压缩成1.2GB左右的数字视频，其文件扩展名有mpg、mlv、mpe、mpeg及VCD光盘中的dat等。MPEG-2则用于DVD的制作，在一些HDTV（高清晰度电视）和一些高要求的视频编辑处理方面也有一定的应用空间。MPEG-2的视频文件制作的画质要远超过MPEG-1的视频文件，但是文件较大，对于同样一部120分钟长的非数字视频的电影，压缩得到的数字视频文件大小为4～8GB，其文件扩展名有mpg、m2v、mpe、mpeg及DVD光盘中的vob等。MPEG-4采用了新压缩算法，可以将MPEG-1格式1.2GB的文件进一步压缩至300MB左右，方便在线播放。

（3）MOV格式

MOV格式也叫QuickTime格式，是苹果公司开发的一种视频格式，在图像质量和文件大小处理方面具有很好的平衡性，不仅适合在本地播放，而且适合作为视频流在网络中播放。在Premiere软件中需要安装QuickTime播放器才能导入MOV格式视频。

（4）TGA格式

TGA格式是Truevision公司开发的位图文件格式，已成为高质量图像的常用格式，文件一般由序列1开始顺序计数，如A00001.tga、A00002.tga。一个TGA格式静态图片序列导入Premiere软件中可作为视频文件使用，这种格式是计算机生成图像向电视转换的一种首选格式。

（5）WMV格式

WMV格式是微软公司推出的一种流媒体格式，是一种独立于编码方式的可在Internet上实时传播的多媒体技术标准。在同等视频质量下，WMV格式的体积非常小，因此很适合在网上播放和传输。

（6）ASF格式

ASF格式是微软公司开发的一种可以直接在网上观看视频的流媒体文件压缩格式，可以一边下载一边播放。它使用了MPEG-4的压缩算法，所以在压缩率和图像质量方面都非常好。

（7）FLV格式

FLV是Flash Video的简称，由于它形成的文件极小、加载速度极快，使得网络观看视频文件成为可能。它的出现有效地解决了视频文件导入Flash后，导出的SWE文件体积庞大、不能在网络上很好使用的缺点。

三、字幕设置

1.创建字幕

选择“文字工具”T，在“节目”监视器面板单击或者拖拽出一个矩形区域，即可输入字幕文本，如图2-3-1所示。同时系统会自动生成一个图形字幕层，如图2-3-2所示。

图2-3-1　输入字幕文本

2.调整文本属性

打开“效果控件”面板，可以对字幕的排列、对齐、字体、大小、位置、旋转、填充、描边等属性进行修改，如图2-3-3所示。打开“基本图形”面板，选择“编辑”选项也可以设置字幕的相关属性，如图2-3-4所示。

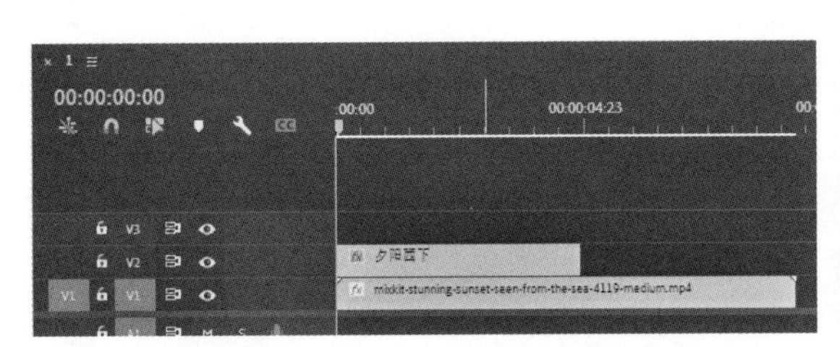

图2-3-2　自动生成图形字幕层

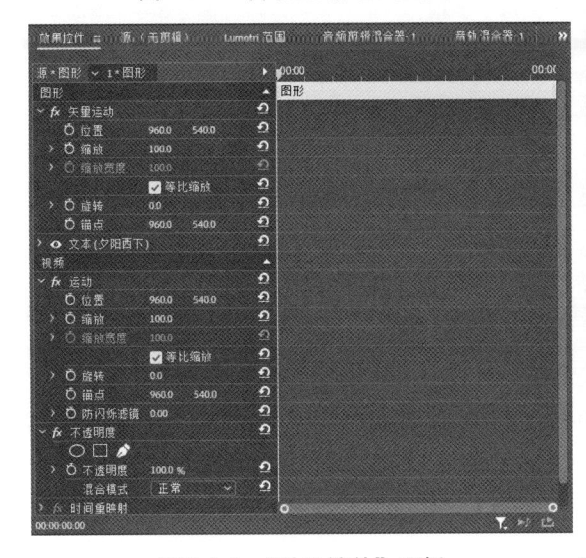

图2-3-3　“效果控件”面板

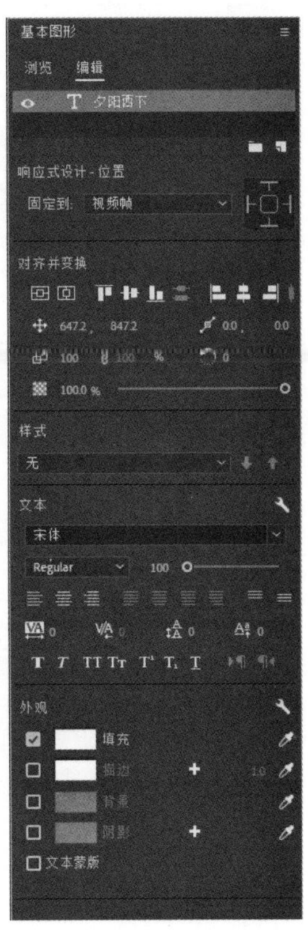

图2-3-4　“基本图形”面板

3. 套用“基本图形”模板

单击“基本图形”面板，选择“浏览”选项即可打开图形模板库，选择一个模板拖放到视频轨道，可以套用该模板。套用的模板可以在“基本图形”面板的“编辑”选项中进行修改，如图2-3-5所示。

也可以定制自己的图形模板。右击时间轴上的字幕图形，在弹出菜单中选择“导出为动态图形模板”命令，即可把它作为模板添加到图形模板中。

4. 制作滚动字幕

单击文字以外的区域，取消对文字的激活状态，即可展开滚动字幕设计面板。勾选“滚动”，设置相关参数，可以制作滚动字幕效果，如图2-3-6所示。

图2-3-5　套用“基本图形”模板

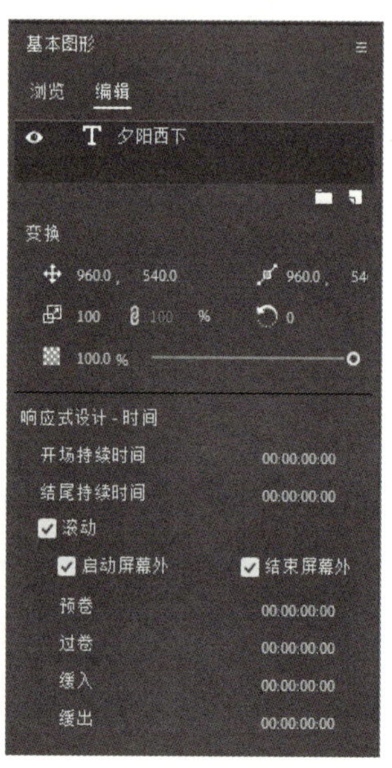

图2-3-6　滚动字幕设计面板

启动屏幕外：选中该项，字幕将从屏幕外滚入。如果不选该项，且字幕高度大于屏幕，当将字幕窗口的垂直滚动条移到最上面时，所显示的字幕位置就是其开始滚动的初始位置。可以通过拖动字幕来修改其初始位置。

结束屏幕外：选中该项，字幕将完全滚出屏幕。如果不选该项，且字幕高度大于屏幕，则字幕最下侧（结束滚动位置）会贴紧下字幕安全框。

预卷：设置字幕在开始“滚动”前播放的帧数。

过卷：设置字幕在结束“滚动”后播放的帧数。

缓入：字幕开始逐渐变快的帧数。

缓出：字幕末尾逐渐变慢的帧数。

剪辑
“风扇测评”
短视频

【任务实施】

步骤一： 新建项目

1. 新建项目

启动Adobe Premiere Pro CC 2022软件，弹出“开始”欢迎界面，单击“新建项目”按钮，弹出“新建项目”对话框，在“位置”选项中选择文件保存的路径，在“名称”文本框中输入文件名“测评小风扇”，如图2-3-7所示。单击“确定”按钮，完成创建。

2. 新建序列

选择“文件＞新建＞序列”命令，弹出“新建序列”对话框，在“设置”选项中选择相应参数，在“序列名称”文本框中输入文件名“测评小风扇”，如图2-3-8所示。单击“确定”按钮，完成创建。

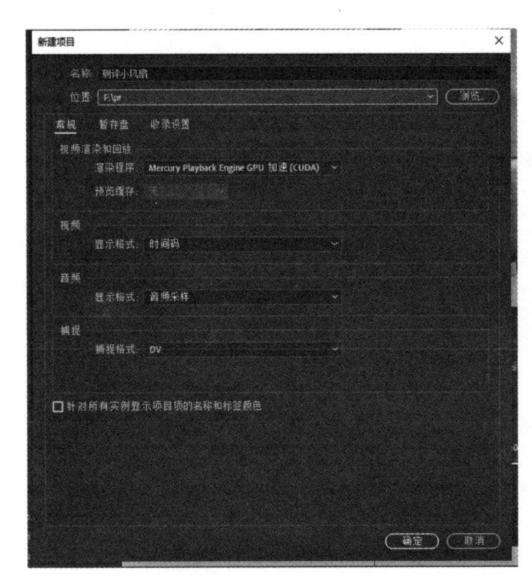

图2-3-7　新建项目

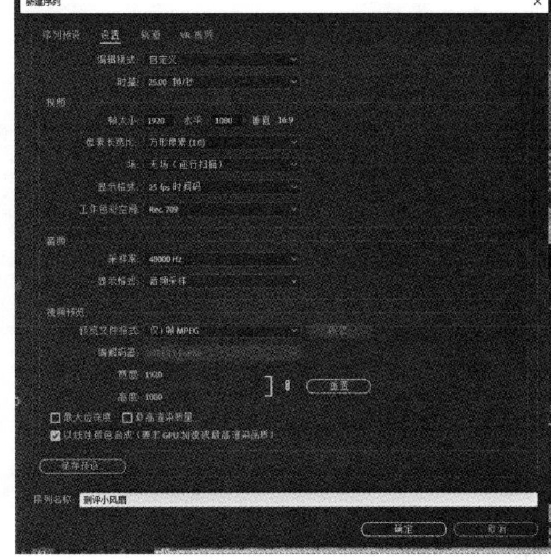

图2-3-8　新建序列

步骤二：导入素材

选择“文件＞导入”命令，弹出“导入”对话框，选择云盘中的“C:\Users\HP\Desktop\产品测评短视频\文件（1）”，单击“打开”按钮，将视频文件导入“项目”面板中，如图2-3-9所示。再将视频拖拽至新序列视频轨道中。

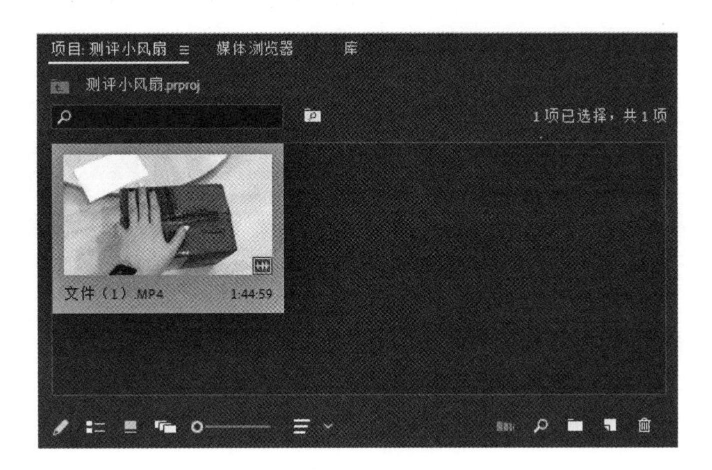

图2-3-9　导入素材

步骤三：添加字幕

将时间标签放置在00:00:00:00的位置，按T键切换“文字工具”，在“节目”窗口底部居中的位置创建文字，文字为“夏天来了”，如图2-3-10所示。将时间标签放置在00:00:02:16的位置，将鼠标放置在图片结尾处，当鼠标指针呈 ◀] 状态单击，选取编辑点，如图2-3-11所示。按E键，将所选编辑点扩展到播放指示器的位置，如图2-3-12所示。依次添加后续字幕。

图2-3-10　添加字幕

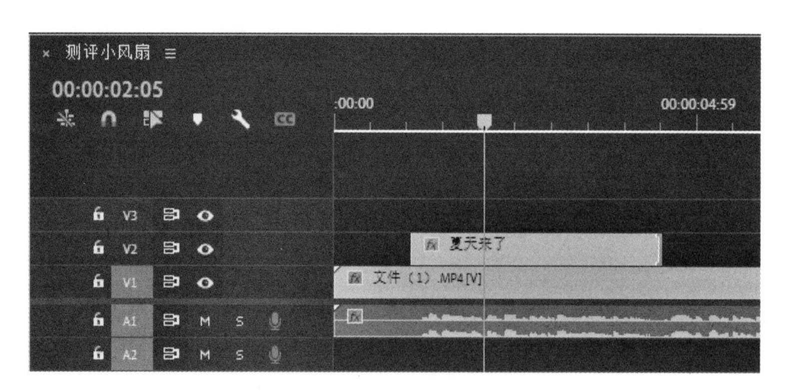

图2-3-11　选取编辑点

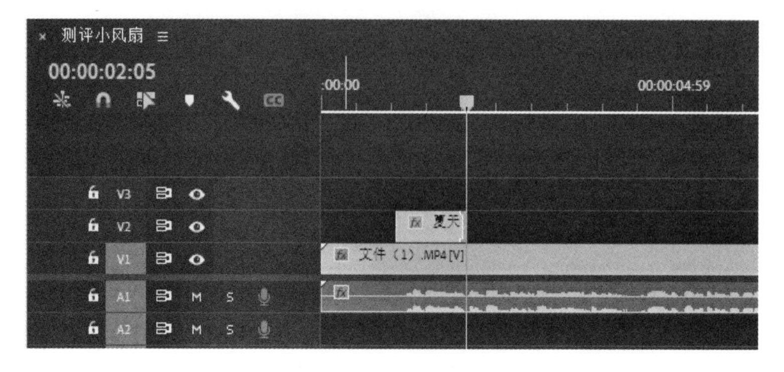

图2-3-12　剪辑字幕

步骤四： 导出视频

选择“文件>导出>媒体”命令，弹出“导出设置”对话框，具体的设置如图2-3-13所示。单击“导出”按钮，导出视频文件。

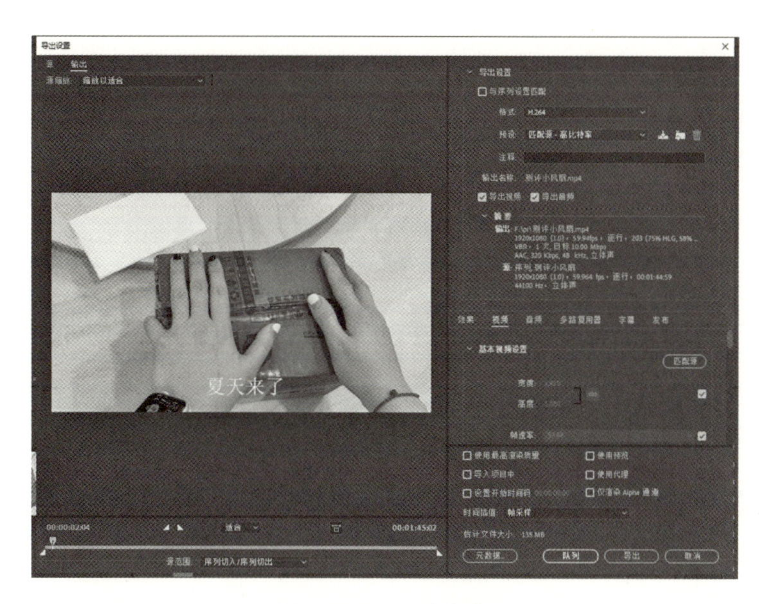

图2-3-13　导出视频

【任务评价与反思】 

任务评价						
序号	评价内容	评价标准	配分	评分记录		
				学生互评	组间互评	教师评价
1	后期剪辑	能够依据脚本和拍摄素材进行短视频剪辑，且操作熟练、规范	30			
2	剪辑效果	能够按需求完成任务制作，同时效果美观、完整，具有创新性	50			
3	沟通交流	能够和教师、小组成员进行沟通交流，且态度积极、结果有效	20			
总分			100			
任务反思						

【知识巩固】

一、选择题

1.纪录片的脚本形式一般为（　）。

A.拍摄提纲　　B.文学脚本　　C.分镜头脚本

2.人体胸部以上的景别称为（　）。

A.特写　　B.近景　　C.中景

3.摄影中常用（　）表现反面人物的可憎渺小或展示人物的卑劣行径。

A.平摄　　B.仰摄　　C.俯摄

4.以下哪一个不是视频格式（　）。

A.MPEG/MPG/DAT　　B.AVI　　C.AFS

5.影响录音的因素不包括（　）。

A.录音环境　　B.耳机　　C.噪声

二、判断题

1.短视频脚本的功能是提高短视频拍摄效率并指导后期剪辑。（　）

2.分镜头脚本适用于画面要求高、故事性较强的内容视频。（　）

3.对于生活类、数码类节奏较快的视频内容，可以使用改良文学脚本的形式。（　）

4.拍摄方向通常分为正面角度、斜面角度、侧面角度、背面角度。（　）

5.AVI是视频交错（Video Interleaved）的英文缩写。它调用方便，图像质量好，压缩标准可任意选择，是应用最广泛，也是应用时间最长的格式之一。（　）

三、简答题

1.常用的录音设备有哪些？

2.常用的视频和音频的格式有哪些？

项目三

制作影视混剪短视频

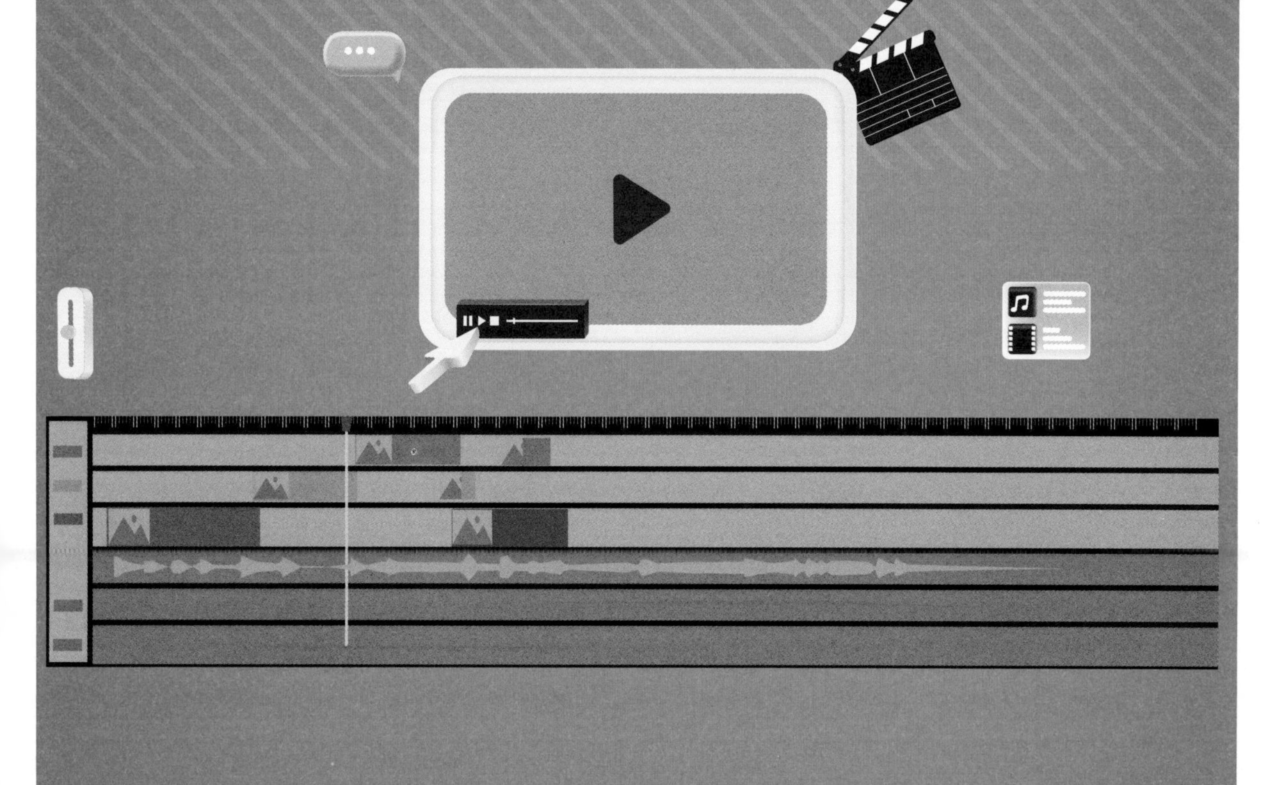

【项目导读】

混剪，即混合剪辑，可以说是电影蒙太奇手法之一，将不同镜头剪辑在一起表达一个新的意思。影视作品混剪有两种类型，一种是在原有影像基础上，将不同作品的镜头剪辑加工形成新的内容和感觉，但这一类剪辑算是二次创作。另外一种则是预告片和宣传片之类的混剪，就是将同一个作品中各种场景镜头混合剪辑在一起，也是为了表达一个新的故事或者感觉，可以定位为原创作品。

本项目将系统介绍如何策划混剪短视频，即确定混剪的主题与结构，了解蒙太奇、镜头切换节奏的内容；介绍收集混剪素材的方法；最后介绍如何制作影视混剪短视频，即对镜头组接、截取和标记音频素材、添加动画和转场效果等进行系统学习。

【学习目标】

素质目标

1. 养成视频剪辑的美感和积极的审美情趣。
2. 养成严谨的职业素养和创新意识。

知识目标

1. 了解影视混剪短视频的主题、结构和原则。
2. 熟悉蒙太奇、画面构图和镜头组接的相关内容。
3. 掌握混剪视频素材整理方法以及音频处理、视频过渡方法。

能力目标

1. 能够明确符合任务要求的主题和结构。
2. 能够正确使用视频素材进行混剪创作。
3. 能够使用Premiere软件制作混剪视频。

任务一 策划混剪短视频

【任务描述】

根据对任务的理解，策划一条混剪短视频的主题和结构。要求思路清晰，文本逻辑严谨，具有一定的创新意识。

【任务分析】

影视混剪短视频在制作前首先需要确定好视频的主题和结构，作为收集素材和制作视频的基础。了解蒙太奇的基本知识，有利于后期剪辑时得心应手。

【知识准备】

一、主题和结构

1. 主题的确定

在开展剪辑工作之前，首先需要确定一个剪辑思路和主题。一个好的混剪作品可以帮助观众理解影片内容，给观众留下深刻印象。而决定作品质量的是内在的逻辑和结构，所选择的主题也决定了作品的复杂程度和内容承载能力。例如，以“战斗”为单一主题，可以列出一份片单，寻找包含“战斗”元素的导演、演员或某个时期所有影片中展现出战斗的画面。还可以将“战斗”这个主题以不同的时期、国家、题材等进行细分。除此之外，还可确立复合主题，如“爱情+战斗”等，增加作品内容的丰富性。主题的确立可以将选片范围大大缩小。

2. 结构的确定

构建影片的基本原则是将镜头之间组合起来，使其形成连续的片段。片段应该有统一的内容、主题和情感表达，不同片段之间可以呈递进或衔接的关系，也可以通过连接完成情节反转。在确定结构时，需要综合考虑情节、情绪、音乐节奏、主题和视觉对比等要素，灵活运用不同的镜头组合和段落安排，创造出引人入胜的节奏变化和情绪起伏，让观众在观看过程中产生更丰富的感受与共鸣。

二、蒙太奇

1. 蒙太奇的定义

蒙太奇是一种电影或视频编辑技术，通过将不同的镜头或画面片段进行有意义的组合和剪辑，创造出一种整体上具有连贯性、戏剧性和艺术性的效果。蒙太奇的目的是通过不同镜头之间的连接和对比，以及时间和空间的转换，达到一种超越单个画面的意义和情感传递的效果。

2.蒙太奇的组成

镜头是蒙太奇的基本元素，指的是单个画面或片段。每个镜头都包含了独特的视觉信息和内容，可以是一个人物、一个场景、一个动作等。镜头的选择、排列和编辑方式对于达到特定的效果至关重要。一部影片的最小单位是镜头。

3.蒙太奇的切换

蒙太奇的切换是指镜头之间的过渡方式，它可以通过不同的技巧和手法来实现平滑、有趣和富有艺术感的过渡效果。观众在观看影片时不只满足于弄清剧情或一般地领悟到影片的思想，还要求清晰且流畅地感知影片叙述流程的每一个环节。一部影片的蒙太奇最主要的就是要让观众看懂。

在镜头间的排列、组合和连接中，每一个镜头不是孤立存在的，它对形态必然和它相连的上下镜头发生关系，而不同的关系就产生出连贯、跳跃、加强、减弱、排比、反衬等不同的艺术效果。另一方面，镜头的组接不仅起着生动叙述镜头内容的作用，而且会产生各个孤立的镜头本身未必能表达的新含义。

格里菲斯在电影史上第一次把蒙太奇用于表现的尝试，就是将一个在荒岛上的男人的镜头和一个等待在家中的妻子的面部特写组接在一起的实验，经过如此“组接”，观众感到了“等待”和“离愁”，产生了一种新的、特殊的想象。把一组短镜头排列在一起，用快切的方法来连接，其艺术效果同一组的镜头排列在一起，用“淡”或“化”的方法来连接，就大不一样了。

例如，把以下A、B、C三个镜头，以不同的次序连接起来，就会产生不同的内容与意义。A镜头为一个人在笑；B镜头为一把手枪直指着；C镜头为同一人脸上露出惊惧的样子。如果用A—B—C的次序连接，会使观众感到那个人是个懦夫、胆小鬼。而用C—B—A的次序连接，他给观众的印象就是一个勇敢的人。如此改变一个场面中镜头的次序，而不改变每个镜头本身，就完全改变了一个场面的意义，得出与之截然相反的结论，收到完全不同的效果。

【任务实施】

步骤一： 确定混剪主题

以亲情为主题，展现家长与孩子之间相处方式的转变。

步骤二： 确定混剪结构

按时间顺序，先展现冲突，后化解矛盾。

【任务评价与反思】 

任务评价						
序号	评价内容	评价标准	配分	评分记录		
				学生互评	组间互评	教师评价
1	确定主题	能够确定混剪主题，要求内容有创新、受众清晰	40			
2	确定结构	能够确定混剪结构，要求内容统一、情感充沛	40			
3	沟通交流	能够和教师、小组成员进行沟通交流，且态度积极、结果有效	20			
总分			100			
任务反思						

任务二　收集混剪素材

【任务描述】

根据对任务的理解，收集视频混剪的素材。要求素材内容丰富完整，视听效果良好。

【任务分析】

影视混剪短视频在收集素材的过程时需要遵循一定的原则，这样能迅速锁定素材范围，避免花费额外的时间。虽然收集的素材是拍摄好的镜头，但在构图上还应该有所选择，力求达到丝滑美观的视觉效果。收集好的素材要及时整理，方便剪辑时能够随时取用。

【知识准备】

一、混剪视频的原则

1. 故事性

混剪视频应具有明确的故事性和叙事目标。每个镜头的选取和顺序都应有助于传达影片的主题、情感或情节发展，以使观众能够理解和沉浸其中。

2. 节奏感和流畅性

选择素材应注意其节奏感和过渡的流畅性，以确保整个视频的观看体验连贯而不拖沓，避免过于突兀或杂乱。如图3-2-1所示。

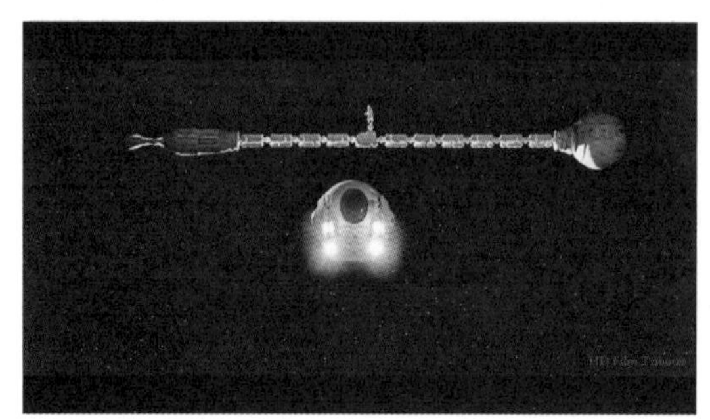

图3-2-1　镜头节奏感

3. 对比和变化

选择具有对比的素材和进行产生变化的切换，能够增强视频的吸引力和视觉效果。通过对比镜头的动静、明暗、图像内容或画面构图等方面的差异，可以创造出视觉上的变化和张力，增强观众对视频的兴趣和观赏体验。

4. 情感表达

素材应能够引发观众的情感共鸣，传递出希望表达的情感或主题。

5. 美学呈现

选取构图精妙、具有艺术价值和美感的素材，以提升整体视觉效果。

二、画面构图

1. 画面构图的定义

画面构图是指在摄影、绘画、电影等艺术形式中，通过选择和安排元素在画面中的位置、大小、形状等方式，创造出视觉上有吸引力和平衡感的图像。它是用来传达意图、表达情感和引导观众目光的重要工具。

2. 常用的构图方法

（1）中心构图法

中心构图法是将被摄主体放置在画面中心，如图3-2-2所示。这种构图的优势在于使主体更加突出、清晰，同时也可以让画面达到左右平衡的效果，适于严肃、庄重和装饰性的画面表达。

（2）水平线构图法

水平线构图法是通过将水平线放置在画面的特定位置来创造出稳定和平衡的效果的一种构图方法。使用水平线构图法能够给人以延伸感，通常运用在场面开阔的风景中。如图3-2-3所示。

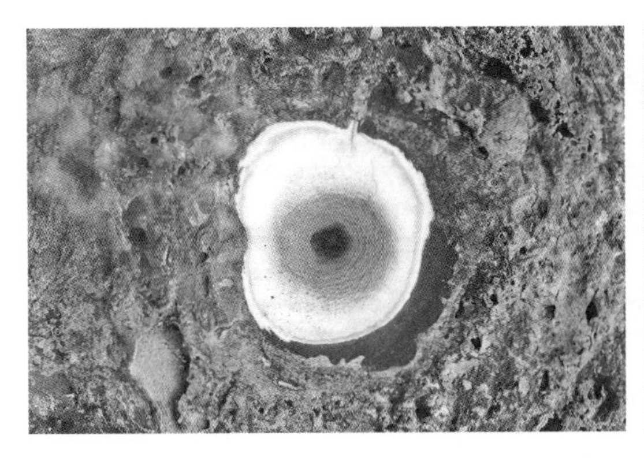

图3-2-2　中心构图法

图3-2-3　水平线构图法

（3）垂直线构图法

垂直线构图法指以垂直线形式进行构图。垂直线构图法常被应用于拍摄高大建筑物、树木、柱子等具有垂直元素的场景中。这种构图方式能够传达出垂直的力量感和稳定感，为作品注入一种垂直且有力的美感。如图3-2-4所示。

（4）三分构图法

三分构图法也称为井字构图法，如图3-2-5所示。在这种方法中，需要将场景用两条竖线和两条横线分割，这样可以得到4个交叉点，将画面重点放置在4个交叉点中的一个即可，如图3-2-6所示。

图3-2-4　垂直线构图法

图3-2-5　三分构图法

（5）对称构图法

对称构图法即按照一定的对称轴或对称中心，使画面中景物形成轴对称或者中心对称。常用于拍摄建筑、隧道等，给观众以稳定、安逸、平衡的感觉。如图3-2-7所示。

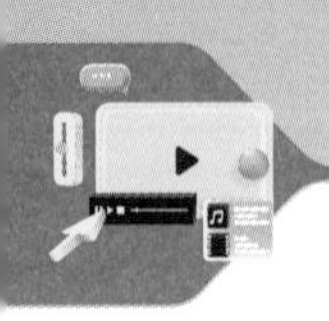

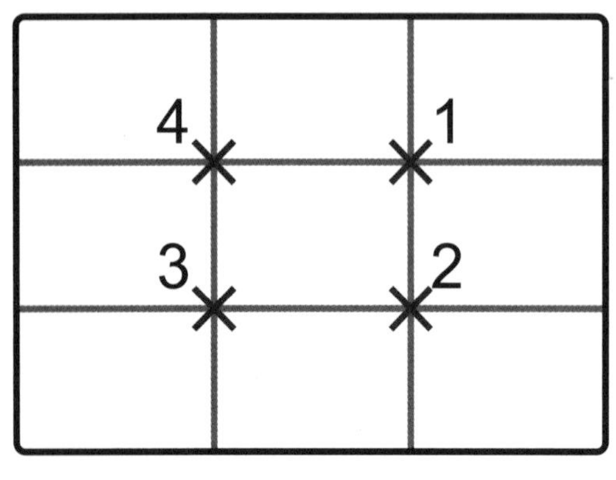

图3-2-6　井字构图法

图3-2-7　对称构图法

（6）对角线构图法

对角线构图法是指主体沿画面对角线方向排列，旨在表现出动感、不稳定性或生命力，给观众更强烈的视觉冲击。这种构图大多用于秒速环境，很少用于表现人物。如图3-2-8所示。

（7）引导线构图法

引导线构图法是指通过运用线条的走向和排列来引导观众的目光，创造出流动、动感和视觉引导的一种构图。这些线条可以是实际存在的物体，如道路、河流、树枝等，也可以是虚拟的线条，例如建筑物的轮廓、街道的走向等。如图3-2-9所示。

图3-2-8　对角线构图法

图3-2-9　引导线构图法

（8）框架构图法

框架构图法是指通过将环境中的元素放置在一个或多个框架内，以增强画面的纵深感、层次感和焦点的一种构图方法，如图3-2-10所示。这种构图方式可以为画面添加一种自然而有趣的边界，突出主题并引导观众的目光。

（9）重复构图法

重复构图法是指通过在画面中重复出现相似的元素或模式，以增强视觉效果和表达意义的一种构图方法，如图3-2-11所示。这种构图方式可以创造出一种统一感和节奏感，使画面更加有组织和平衡。

图3-2-10　框架构图法

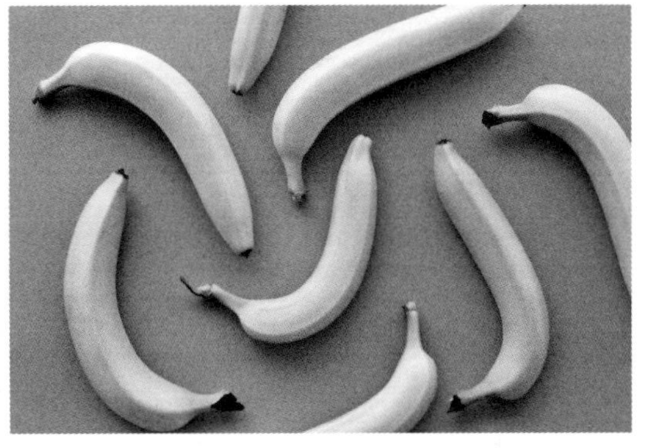

图3-2-11　重复构图法

构图方法并不是一成不变的，一个镜头通常会杂糅几种不同的构图方法，所以将基本构图方法熟记于心，并经常观察、经常实践，才是提高构图能力最好的办法。

三、素材整理

1.素材构思

混剪视频需要有丰富的观影经验，只有达到一定的阅片量，才能对主题和结构有更好的思考，而且混剪视频的创意往往也来自观影的感受和启发。所以在正式开始剪辑之前，应该先明确自己想要表达的内容和思路，把视频创作的灵感具体化成一个脚本或者大纲，让自己的创作方向更清晰。这样就可以更有目的地去寻找合适的素材，可以有效地提高剪辑的效率。

素材思路的大致构思可以参考表3-2-1的结构。在搜集素材之后，还可以进一步完善更多细节。

表3-2-1　素材构思

画面排序	画面内容	素材构思	大致构图（画面草图）	音乐风格（气氛）
起始				
承接				
高潮				
舒缓				
高潮				
终了				

2.素材收集

获得大致思路后，就可以有针对性地搜索合适的素材，并对找到的素材进行一次或多次完整的收集。由于这些素材通常是已经观看过的片子，所以在观看时无需过于详细，可

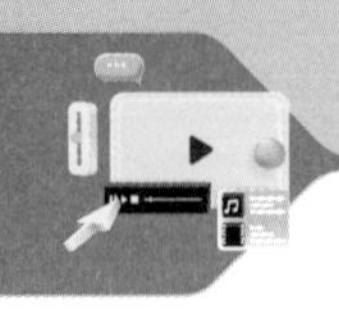

以加快速度播放或跳跃式浏览，并记录可能会使用到的素材。

对于超长的素材片段，可以参考表3-2-2来盘点，并记录每个素材的关键节点位置。对于较短或片段较少的素材，我们也可以直接以文件命名的方式进行备注，例如“内容+时间节点”的形式。通过这种方式，我们可以更方便地追踪和识别所需素材，为后续剪辑工作提供便利。

表3-2-2　素材盘点

素材序号	时间节点	时长	画面内容	构图（画面草图）	台词
1					
2					
3					

另一个方法是使用双序列剪辑，把一个序列用于粗剪并标记素材，另外一个序列作为精剪和修改最终的成品视频，在软件内部进行素材的整理收集。如图3-2-12所示。

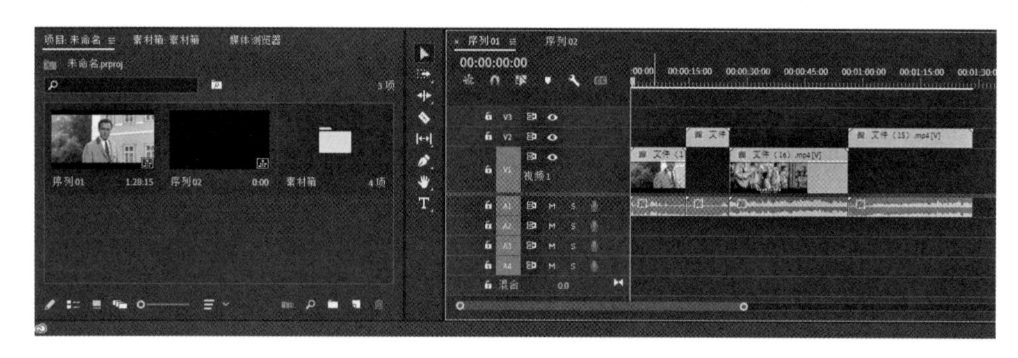

图3-2-12　双序列剪辑

3. 素材管理

剪辑素材文件的管理可以通过多层文件夹的方式进行分类汇总，具体结构可以参考表3-2-3，分类越细致越好。在导入素材的时候，可以直接将整个文件夹导入，这样在工程管理区域素材仍然会保持相应的分类，方便查找。

表3-2-3　素材整理

<table>
<tr><td colspan="13">视频素材</td><td colspan="2">音效素材</td></tr>
<tr><td colspan="10">电影</td><td>电视剧</td><td>动漫</td><td>游戏</td><td>背景音乐</td><td>音效</td></tr>
<tr><td rowspan="2">空镜头</td><td colspan="2">台词</td><td colspan="4">人物动作</td><td colspan="3">人物场景</td><td></td><td></td><td></td><td></td><td></td></tr>
<tr><td>抒情</td><td>愤怒</td><td>走</td><td>跑</td><td>跳</td><td>特写</td><td>全景</td><td>中景</td><td>近景</td><td></td><td></td><td></td><td></td><td></td></tr>
<tr><td></td><td></td><td></td><td></td><td></td><td></td><td></td><td></td><td></td><td></td><td></td><td></td><td></td><td></td><td></td></tr>
<tr><td></td><td></td><td></td><td></td><td></td><td></td><td></td><td></td><td></td><td></td><td></td><td></td><td></td><td></td><td></td></tr>
</table>

【任务实施】

步骤一： 收集素材

以《音乐之声》为例，在其中收集有关亲情的视频片段。

步骤二： 整理素材

将整理收集的素材另存在素材文件夹里，方便使用。

【任务评价与反思】

任务评价						
序号	评价内容	评价标准	配分	评分记录		
				学生互评	组间互评	教师评价
1	素材收集	能够完成视频素材的收集，且主题相符，思维逻辑清晰、特点鲜明	50			
2	素材整理	能够完成收集素材的整理，方便剪辑取用	30			
3	沟通交流	能够和教师、小组成员进行沟通交流，且态度积极、结果有效	20			
总分			100			
任务反思						

任务三 剪辑影视混剪短视频

【任务描述】

根据对任务的理解，剪辑一条影视混剪短视频。要求思维逻辑清晰，特点鲜明，节奏协调，具有吸引力。

【任务分析】

影视混剪短视频在剪辑时需要遵循基本的镜头组接原则，按照音乐的节奏进行组接。剪辑时可以使用不同的视频过渡效果，使视频内容更美观丰富。

【知识准备】

一、镜头组接

视频作品都是由一系列镜头按一定的规律和次序进行组接与切分，再有逻辑、有构思地连贯组接，从而形成一个完整的统一体。

1. 编辑的基本原则

① 同一景别不相接，不能用同一景别切分镜头。相邻两个镜头的景别和主体要有区别，图3-3-1所示为两个相邻镜头，包含一个远景和近景。

图3-3-1　不同景别相邻镜头

② 视频剪辑中需保持明确的方向感。对于摄像机的调度，一般来说不要越过轴线拍摄，就是为了保持一种方向感。比如，人物从右边出画，在下面的镜头人物一定从左边入画。如果人物从右边入画接上个镜头，中间必然要加入一个人物转方向的镜头进行过渡，以交代人物的方向画面。

③ 遇到大量时空关系的问题时，可以插入一段没有具体图像内容的空白镜头来实现过渡效果。这样的过渡可以在时间和空间上创造出一种断裂或跳跃的感觉，为故事或情节的转变提供一种独特的语言表达方式。

④ 选择动作静止帧作为剪辑点。一般情况下，动作静止的帧（1 ～ 2帧）留在上一个镜头中，下一个镜头（一般是不同景别）从开始动的那帧用。

2. 相似动作的组接

将人物、动物、交通工具等对象的动作和运动中可连接的动作，与画面主体动作进行连贯性与相似性的组接。一个镜头中一个人边跑边唱，下一个镜头中一群人边跑边唱，这两种运动的连接形成了有节奏的镜头切换，如图3-3-2所示。

图3-3-2　相似动作镜头

3.镜头之间的连接

主体的动接动原则是在组接切换镜头时，上一个镜头的主体是运动的或有运动趋势的，下一个镜头的主体也是运动的或有同样运动趋势的。

主体的静接静原则是在组接切换镜头时，上一个镜头的主体是静止的或动作逐渐趋向静止的，下一个镜头的主体也是静止的或逐渐趋向静止的。注意起幅和落幅的设计要符合逻辑，不能出现跳动的视觉感。

4.画面位置的组接

对一个场景镜头的最初构思（通过故事板或剧本手稿笔记）、构图和拍摄的方式可以帮助剪辑师进行画面位置剪辑。场景中的两个镜头将观众的目光锁定到屏幕。通常情况下，一个强烈的视觉元素占据画面的一侧并将其注意力或是动作引向另一侧。切入新的镜头后，被关注物通常显示在相反的一侧，满足了观众的视觉空间需求。

画面位置的组接最基本的例子是传统的双人对话场景，如图3-3-3所示。在中远景镜头中，两个人面对面交谈，摄像机取其侧面拍摄。标准的画面为单人中景镜头，或者分别是两个人物的近景。

图3-3-3　双人对话场景

5.概念镜头的组接

两个表达内容不同的独立镜头组接在一起，可以通过画面中特定时间里多个视觉元素的并列表达故事中暗含的意思。这种组接方式可以在不打破观众视觉连贯的前提下，对地点、时间、人物甚至故事本身进行变化。

大多数情况下，导演在影片拍摄前期就已经对概念剪辑进行了设想，他/她知道在某个点将两个彼此独立的镜头剪在一起时会营造一种氛围，突出戏剧冲突，甚至会在观众脑海中形成一种抽象的东西。剪辑师很少会（但不是没有可能）用原本并非用于概念剪辑的镜头来打造概念剪辑。

二、音频处理

1. 音频剪辑

（1）导入音频素材

与导入视频素材的方法相同，不再赘述。

（2）添加素材到时间轴

将“项目”面板中的音频素材拖放到“时间轴”面板的音频轨道上即可，也可以使用“源”监视器面板的“插入”“覆盖”按钮。当把一个音频剪辑拖到时间轴时，如果当前序列没有一条与这个剪辑类型相匹配的轨道，Premiere软件会自动创建一条与该剪辑类型相匹配的新轨道。

（3）改变剪辑速度与持续时间

对于音频持续时间的调整，主要是通过“入点”和“出点”的设置来进行。可以在音频轨道上使用Premiere软件的各种对“入点”和“出点”进行设置与调整的工具进行剪辑，也可以结合“源”监视器面板进行素材的剪辑。选择要调整的素材，执行“剪辑>速度/持续时间”命令，打开“剪辑速度/持续时间”对话框，可以对音频的速度与持续时间进行调整，如图3-3-4所示。

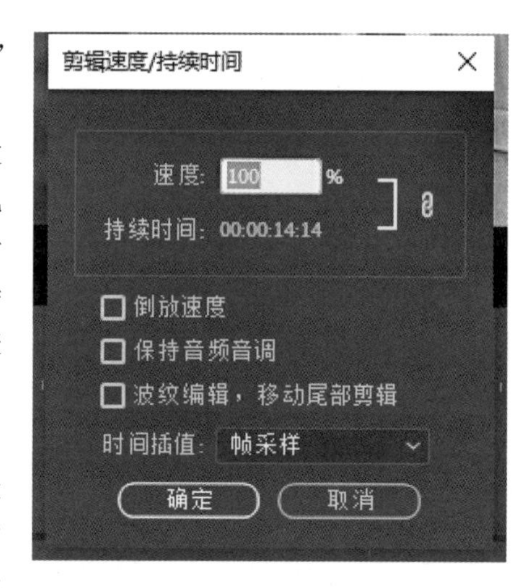

图3-3-4 “剪辑速度/持续时间”对话框

（4）编辑关键帧

单击音频轨道上的“显示关键帧”按钮，选择“轨道关键帧>音量”命令，调整播放指针到素材需要编辑的位置，然后单击轨道的“添加/移除关键帧”按钮，即可给该位置添加（或删除）关键帧。拖动关键帧，可以调整它的位置和值，效果如图3-3-5所示。

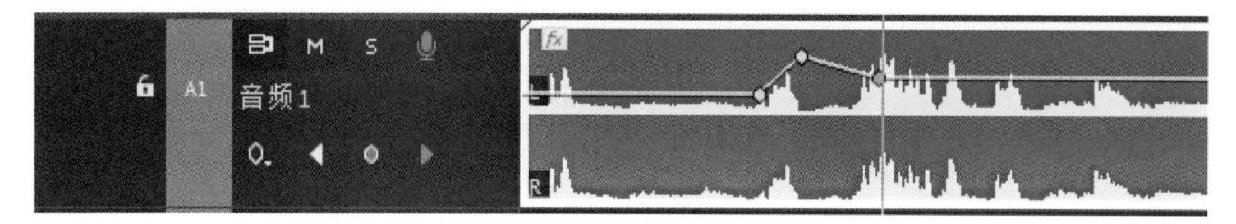

图3-3-5 轨道关键帧效果

（5）调整素材音量

① 通过“效果控件”面板调整。选择轨道上的素材，打开“效果控件”面板，调节

“音量”“通道音量”的参数值就可以改变音量。选择“旁路”则会忽略所做的调整，如图3-3-6所示。结合关键帧调节音量，可以创建音量的变化效果。

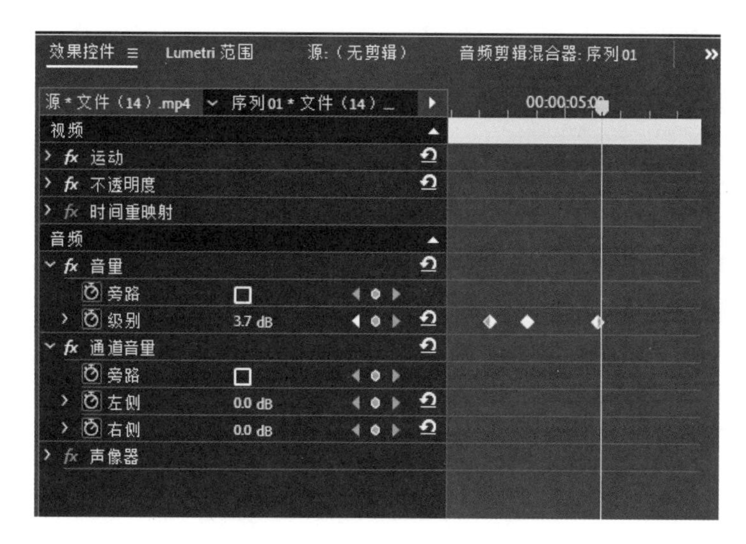

图3-3-6　“效果控件”面板调整音量

② 在音频轨道上调整。单击音频轨道上的“显示关键帧”按钮，选择“剪辑关键帧”，然后上下拖动淡化线（灰色水平线）即可调整素材音量。如果选择“轨道关键帧＞音量”命令，则调整该轨道上的所有素材。二者对比效果如图3-3-7所示。

图3-3-7　通过淡化线调整

③ 通过增益工具调整。通过“淡化线”或“音量特效”调整音量，会无法判断其音量与其他音轨音量的相对大小，也无法判断音量是否提得太高，以至于出现失真。而使用音频增益工具所提供的标准化功能，则可以自动把音量提高到不产生失真的最高音量。

如果轨道上有多段音频素材，为避免声音时大时小，就需要通过调整增益平衡音量。使用音频增益工具的标准化功能，可以把所选素材的音量调整到几乎一致。同时调整多段素材增益的方法如下：同时选中音轨上的多段素材，右击鼠标选择快捷菜单中的“音频增益”命令，在弹出的对话框中选择“标准化所有峰值为”，设置dB值，然后单击“确定”按钮。

2.音频过渡

在音频素材之间使用过渡，可以使声音的转场变得自然，也可以在一段音频素材的“入点”或“出点”创建“淡入”或“淡出”效果。Premiere软件提供了三种转场方式：恒定功率、恒定增益和指数淡化，如图3-3-8所示。

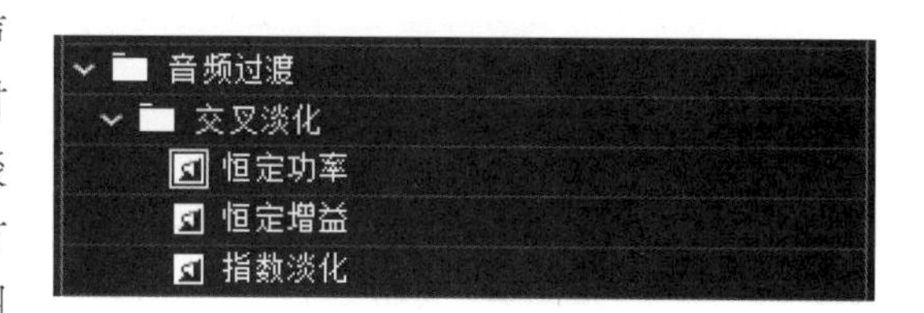

图3-3-8　音频过渡方式

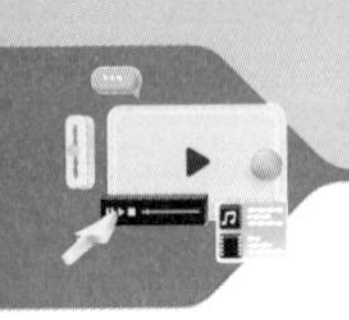

默认过渡方式为“恒定功率”，它将两段素材的淡化线按照抛物线方式进行交叉，而“恒定增益”则将淡化线按直线交叉。一般认为“恒定功率”过渡更符合人耳的听觉规律，“恒定增益”则缺乏变化。

与添加视频过渡的方法相同，将“音频过渡”效果文件夹内的过渡效果拖到音频轨道素材上，即可添加该效果。

三、视频过渡

在非线性编辑中，镜头之间的组接对于整个影视作品有着至关重要的作用。通过镜头组接可以创造丰富的蒙太奇语言，能够表现出更好的艺术形式。在Premiere软件中，提供了多种类型的视频转场效果，使剪辑师有了更大的创作空间和灵活应变的自由度。视频过渡也称为视频切换或视频转场，是指在影片剪辑中一个镜头画面向另一个镜头画面过渡的过程。将转场添加到相邻的素材之间，能够使素材之间较为平滑、自然地过渡，增强视觉连贯性。利用过渡效果，更加鲜明地表现出素材与素材之间的层次感和空间感，从而增加影片的艺术感染力。

视频过渡的添加和设置涉及两部分：“效果”面板和“效果控件”面板，如图3-3-9、图3-3-10所示。“效果”面板提供了40多种生动有趣的过渡效果，“效果控件”面板提供了转场的参数信息，以方便用户对过渡效果进行修改。

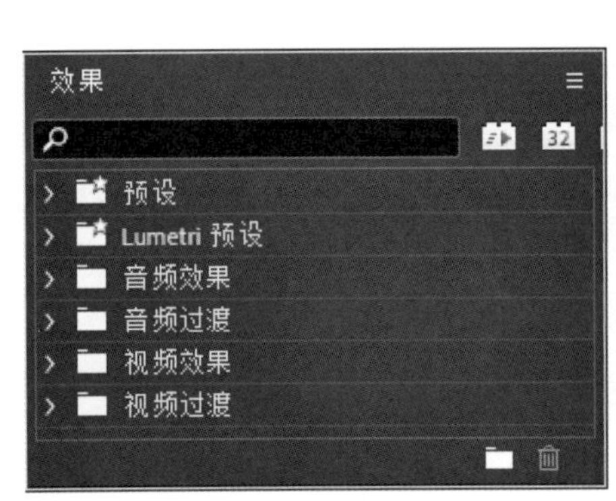

图3-3-9 “效果”面板

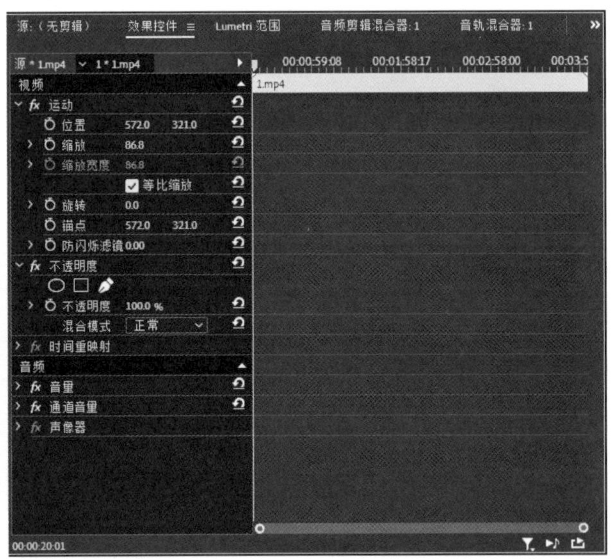

图3-3-10 “效果控件”面板

1.过渡效果的使用

（1）添加过渡效果

要为素材添加过渡效果，在“效果”面板中单击“视频过渡”左侧的折叠按钮，然后单击某个过渡类型的折叠按钮并选择需要的过渡效果，将其拖放到两段素材的交界处，素材被绿色边框包裹，释放鼠标，绿色边框消失，在视频素材中就会出现过渡标记。视频过渡添加后，选择该过渡，按Delete键或Backspace键可将其删除。

（2）编辑过渡效果

对素材添加过渡效果后，双击视频轨道上的视频过渡，打开“效果控件”面板可以设置视频过渡的属性和各项参数，如图3-3-11所示。

“效果控件”面板中各选项的含义如下。

持续时间：设置视频过渡播放的持续时间。

对齐：设置视频过渡的放置位置。“居中于切点”是将过渡放置在两段素材中间；“开始于切点”是将过渡放置在第二段素材的开头；“结束于切点”是将过渡放置在第一段素材的结尾。

自定义起点：设置视频过渡的起点。

剪辑预览窗口：调整滑块可以设置视频过渡的开始或结束位置。

显示实际源：选择该选项，播放过渡效果时将在剪辑预览窗口中显示素材；不选择该选项，播放过渡效果时在剪辑预览窗口中以默认效果播放，不显示素材。

边框宽度：设置视频过渡时边界的宽度。

边框颜色：设置视频过渡时边界的颜色。

反向：选择该选项，视频过渡将反转播放。

消除锯齿品质：设置视频过渡时边界的平滑程度。

2.过渡效果的类型

在Premiere软件中内置了八大类视频过渡效果，如图3-3-12所示。

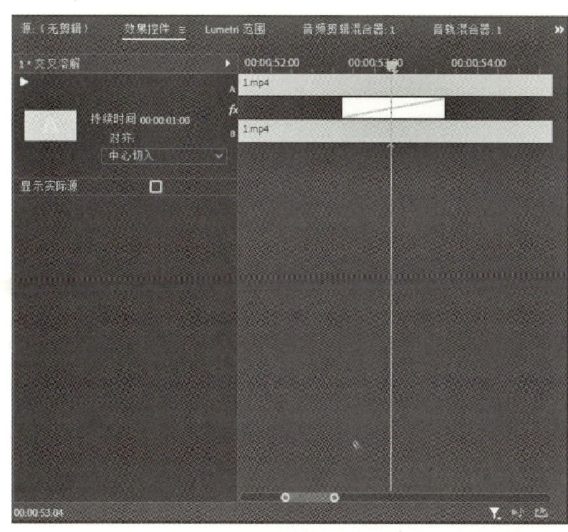

图3-3-11　视频过渡“效果控件”面板

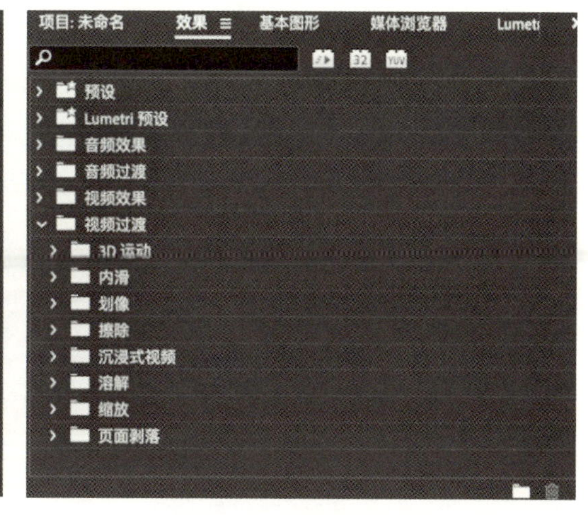

图3-3-12　视频过渡效果

【任务实施】

剪辑
“影视混剪”
短视频

步骤一：新建项目

启动Adobe Premiere Pro CC 2022软件，弹出“开始”欢迎界面，单击“新建项目”按钮，弹出“新建项目”对话框，在“位置”选项中选择文件

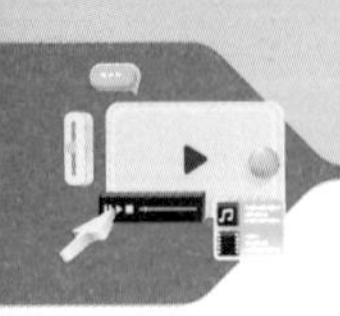

保存的路径，在“名称”文本框中输入文件名“混剪”，如图3-3-13所示。单击“确定”按钮，完成创建。

选择“文件>新建>序列”命令，弹出“新建序列”对话框，在“设置”选项中选择相应参数。在“名称”文本框中输入文件名“影视混剪”，如图3-3-14所示。单击“确定”按钮，完成创建。

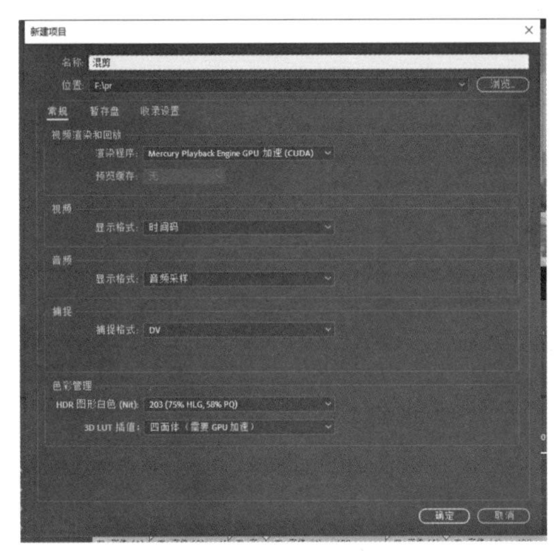

图3-3-13　新建项目

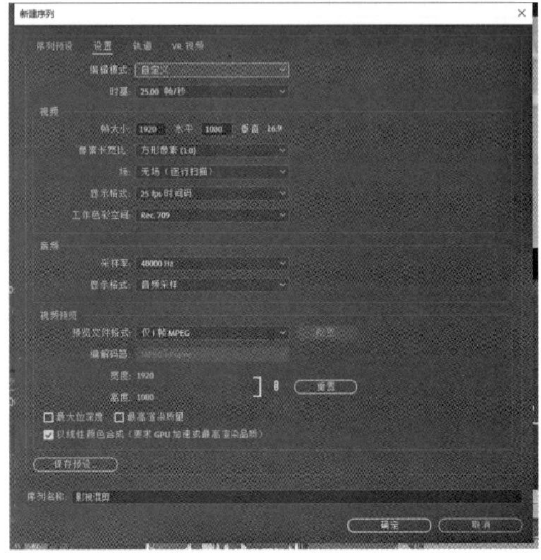

图3-3-14　新建序列

步骤二： 导入视频素材进行镜头组接

1. 导入素材

选择“文件>导入”命令，弹出“导入”对话框，选择云盘中提前收集好的素材“C:\Users\HP\Desktop\混剪短视频\文件（1）……文件（17）”，单击“打开”按钮，将视频文件导入“项目”面板中，如图3-3-15所示。

图3-3-15　导入素材

2. 镜头组接

将“项目”面板中的文件（1）至文件（17）拖拽到“时间轴”面板中的“视频1”轨道中，按顺序组接好，如图3-3-16所示。

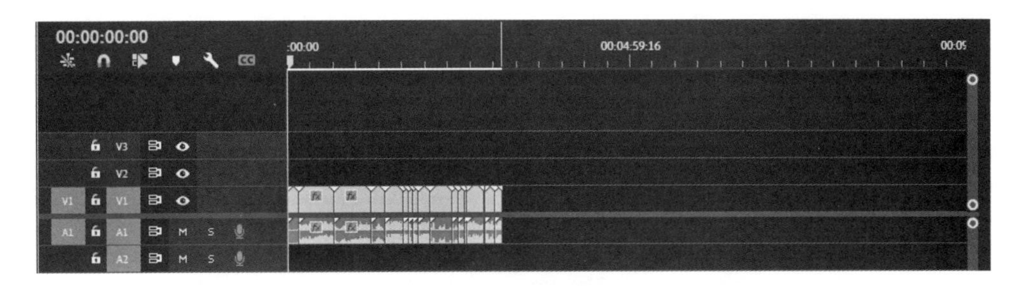

图3-3-16　镜头组接

步骤三： 处理音频

1. 截取音频素材

双击“项目”面板中的“音频文件”文件，在“源”窗口中打开“音频文件”文件。根据音频节奏截取音频。将时间标签放置在00:00:00:00的位置，按I键，创建标记入点，如图3-3-17所示。将时间标签放置在00:01:47:08的位置，按O键，创建标记出点，如图3-3-18所示。

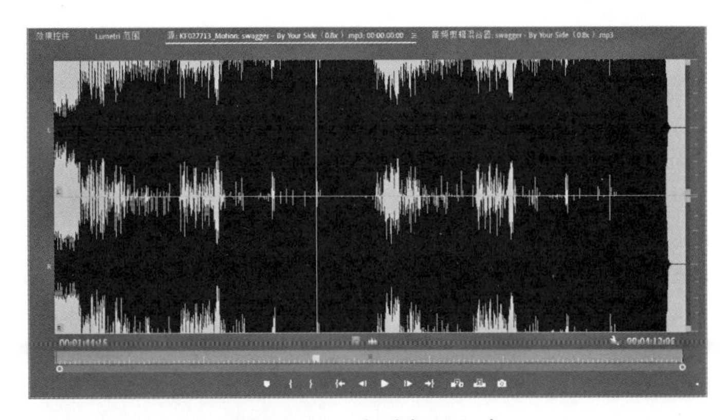

图3-3-17　创建标记入点

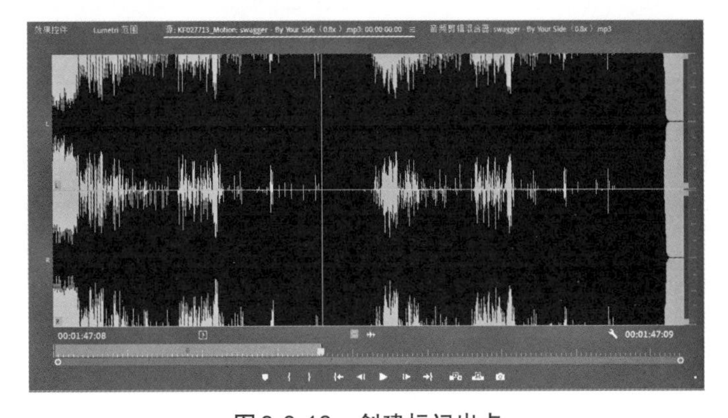

图3-3-18　创建标记出点

2.标记音频素材

播放音频，在适当的位置设置标记。将时间标签放置00:00:02:09的位置，按M键，添加标记，如图3-3-19所示。用相同的方法根据音频的节奏在适当的位置添加标记。

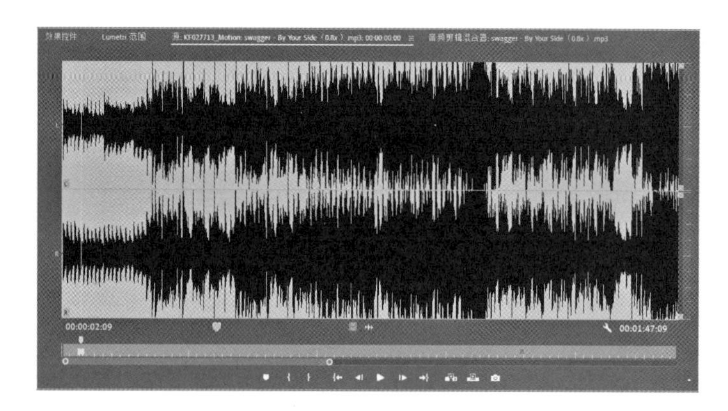

图3-3-19　添加标记

将鼠标指针放置在“源”窗口中画面的位置，选中“源”窗口中音频文件下方的按钮，并将其拖拽到“时间轴”面板中的“音频2”轨道中，如图3-3-20所示。

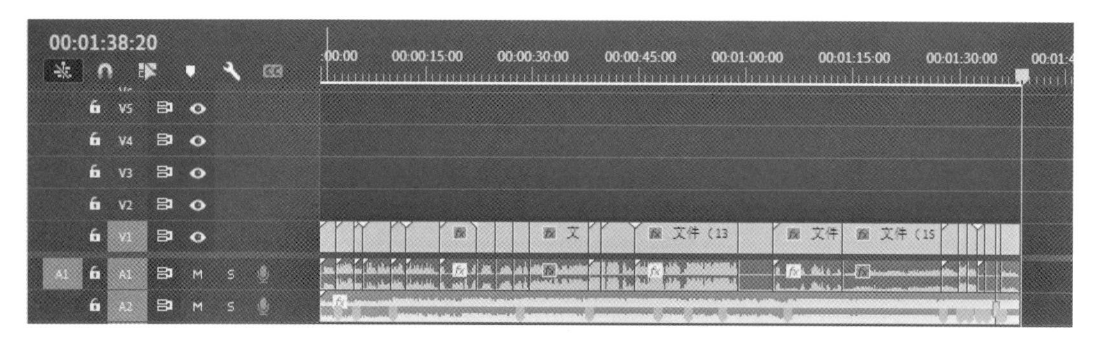

图3-3-20　添加音频

步骤四：添加转场效果

在“效果”面板中展开“视频过渡”分类选项，单击“沉浸式视频”文件夹的折叠按钮将其展开，选中“VR色度泄漏”特效，如图3-3-21所示。将“VR色度泄漏”特效拖拽到“时间轴”面板中“文件（8）”和“文件（9）”之间的位置，如图3-3-22所示。用相同的方法根据音频的节奏在其他镜头组接位置添加合适的转场效果。

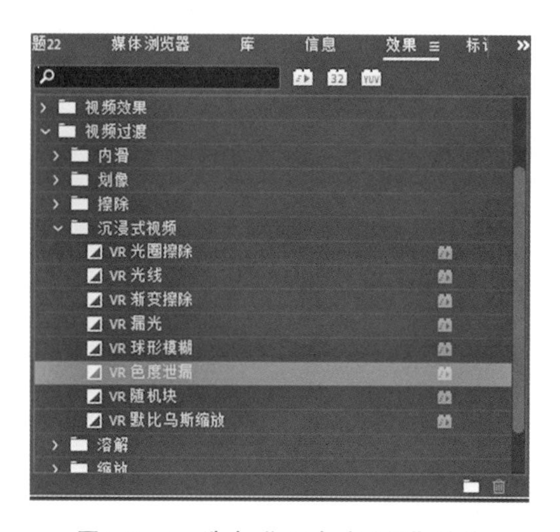

图3-3-21　选中“VR色度泄漏”特效

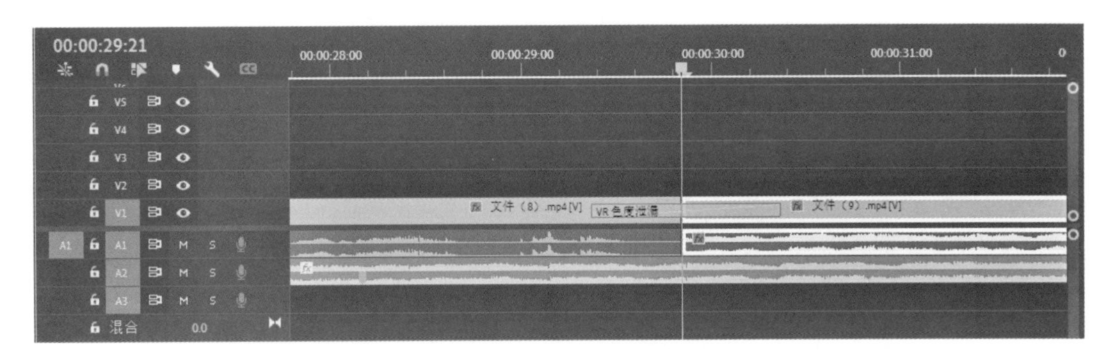

图3-3-22　添加“VR色度泄漏”特效

步骤五：添加并处理文本

1.添加标题图形

单击工作界面上方的“图形”按钮，进入“图形”工作区。将时间标签放置在00:00:00:00的位置，在“基本图形”面板中选择“影片标题”文件，如图3-3-23所示。将其拖拽到“时间轴”面板中的“视频2”轨道中，如图3-3-24所示。

选择“视频2”轨道中的“影片标题”文件，在“基本图形”面板中选择“编辑”选项，选择“此处输入您的标题”文字，在“节目”窗口中修改文字为“音乐之声”，再选择“集名称”文字，在“节目”窗口中修改文字为“1965”，“基本图形”面板中的设置如图3-3-25所示。“节目”窗口中的效果如图3-3-26所示。

图3-3-23
选择“影片标题”文件

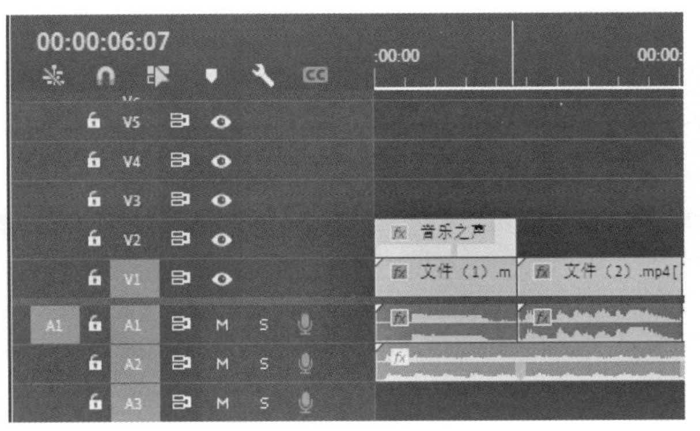

图3-3-24　添加“影片标题”文件

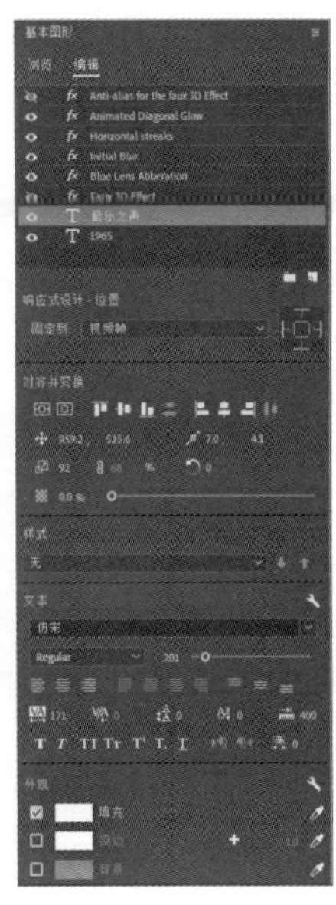

图3-3-25
设置“影片标题”参数

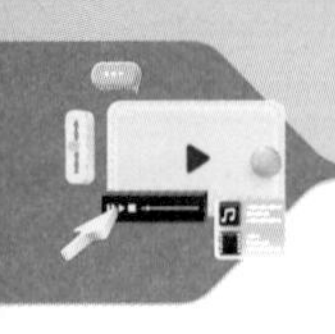

图3-3-26 “节目”窗口效果

2.添加介绍文字

将时间标签放置在00:00:05:01的位置，在“基本图形”面板中选择“浏览”选项，在“基本图形”面板中选择“影片下方三分之一靠右两行”文件，如图3-3-27所示。将其拖拽到“时间轴”面板中“视频2”轨道中，如图3-3-28所示。

将时间标签放置在00:00:10:08的位置，将鼠标指针放在“影片下方三分之一靠右两行”文件的结束位置，当鼠标指针呈 ◀ 状态单击，选取编辑点，如图3-3-29所示。按E键，将所选编辑点扩展到播放指示器的位置，如图3-3-30所示。

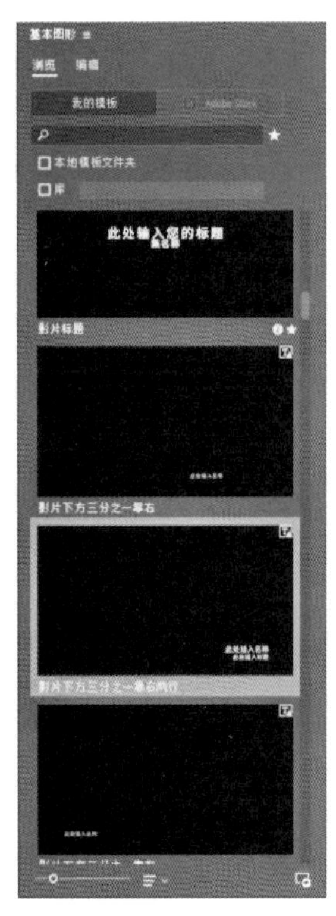

图3-3-27 选择“影片下方三分之一靠右两行”文件

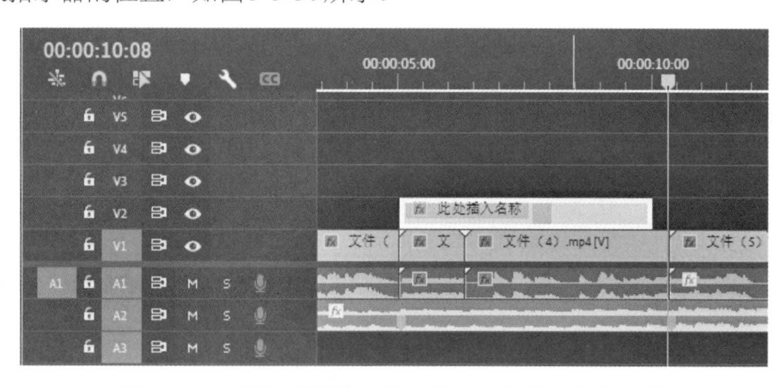

图3-3-28 添加“影片下方三分之一靠右两行”文件

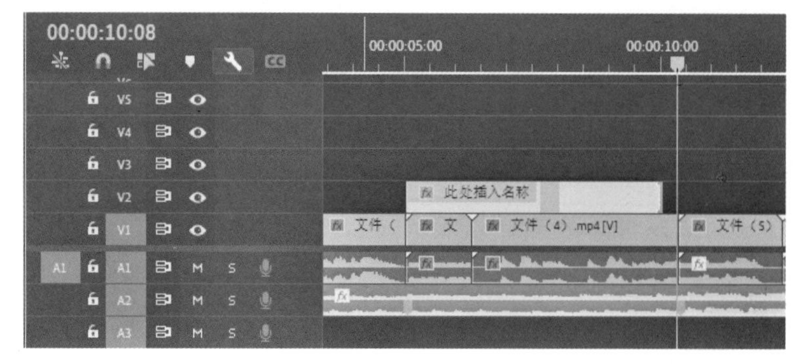

图3-3-29 选取编辑点

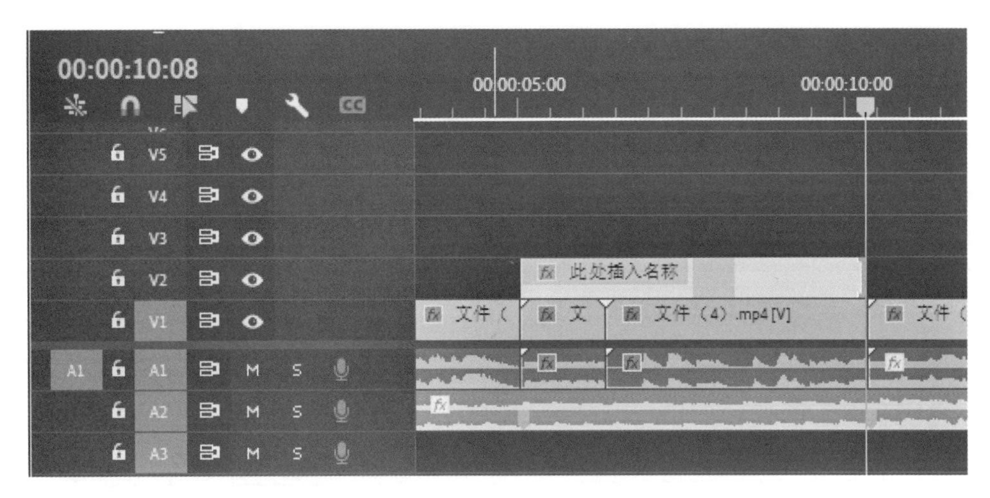

图3-3-30 将所选编辑点扩展到播放指示器的位置

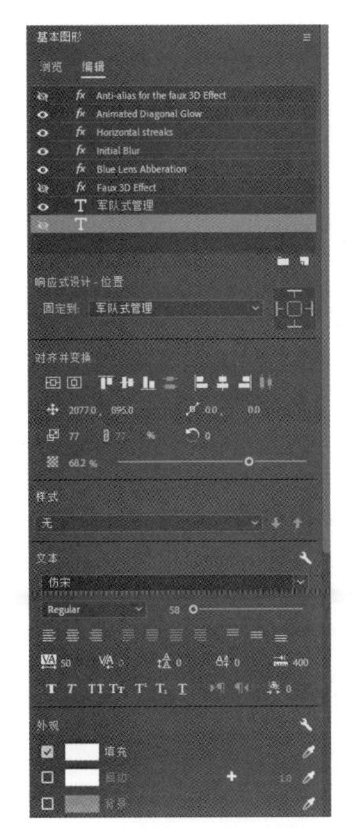

图3-3-31 “基本图形”面板设置

选择“视频2”轨道中的“影片下方三分之一靠右两行”文件，将时间标签放置在00:00:05:01的位置。在“基本图形”面板中选择“编辑”选项，选择“此处插入名称”文字，在“节目”窗口中修改文字为“军队式管理”，再选择“此处插入标题”文字旁的按钮，点击隐藏，“基本图形”面板中的设置如图3-3-31所示。“节目”窗口中的效果如图3-3-32所示。

图3-3-32 “节目”窗口效果

3.添加字幕

将时间标签放置在00:00:07:06的位置，按T键切换“文字工具”，在“节目”窗口底部居中的位置创建文字，文字为“莉莎”，如图3-3-33所示。将时间标签放置在00:00:07:22的位置，将鼠标指针放在图片结尾处。当鼠标指针呈 状态单击，选取编辑点，如图3-3-34所示。按E键，将所选编辑点缩减到播放指示器的位置，如图3-3-35所示。

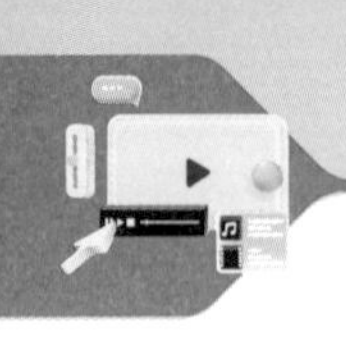

图3-3-33　创建文字

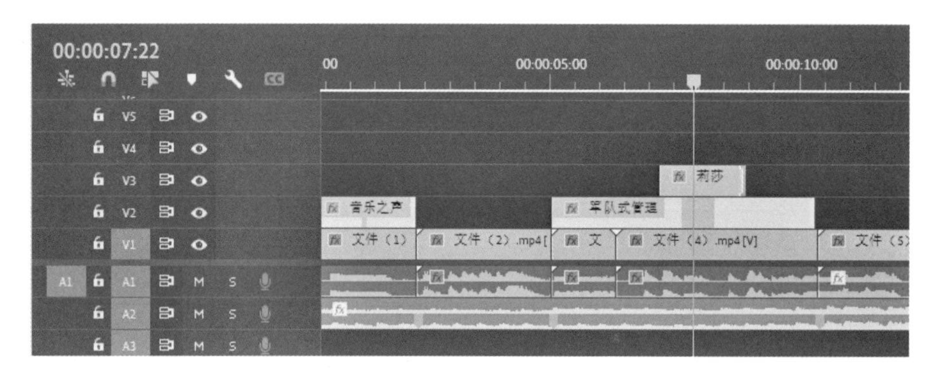

图3-3-34　选取编辑点

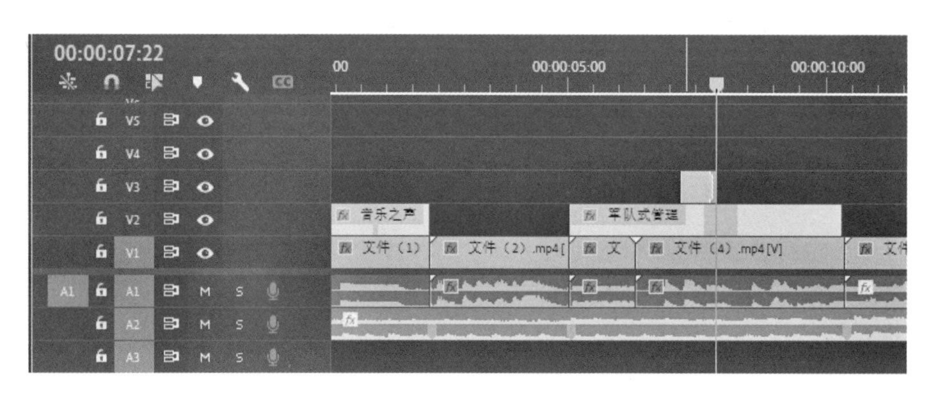

图3-3-35　将所选编辑点缩减到播放指示器的位置

步骤六： 导出视频

选择“文件>导出>媒体”命令，弹出“导出设置”对话框，具体的设置如图3-3-36所示。单击“导出”按钮，导出视频文件。

图 3-3-36　导出视频

【任务评价与反思】

任务评价						
序号	评价内容	评价标准	配分	评分记录		
				学生互评	组间互评	教师评价
1	后期剪辑	能够依据脚本和拍摄素材进行短视频剪辑，且操作熟练、规范	30			
2	剪辑效果	能够按需求完成任务制作，同时效果美观、完整，具有创新性	50			
3	沟通交流	能够和教师、小组成员进行沟通交流，且态度积极、结果有效	20			
总分			100			
任务反思						

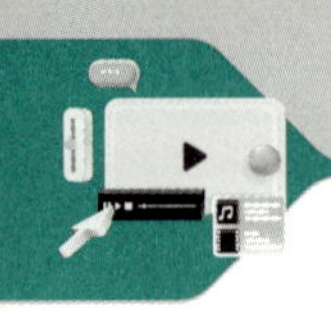

【知识巩固】

一、选择题

1.确定影片结构时，不需要综合考虑（　）要素。

A.色彩　B.音乐　C.情节

2.蒙太奇是通过下列（　）方式来实现超越单个画面的意义和情感传递？

A.颜色的转换　B.时空的转换　C.速度的转换

3.运用线条的走向和排列来引导观众的目光，创造出流动、动感和视觉引导的构图方式是（　）。

A.引导线构图法　B.三分构图法　C.垂直线构图法

4.利用线条引导观众的目光，使之汇聚到画面的焦点的构图方式是（　）。

A.水平线构图法　B.中心构图法　C.框架构图法

5.混剪视频的原则不包括（　）。

A.故事性　B.延展性　C.情感表达

二、判断题

1.蒙太奇是一种电影或视频编辑技术，通过将不同的镜头或画面片段进行有意义的组合和剪辑，创造出一种整体上具有连贯性、戏剧性和艺术性的效果。（　）

2.通常情况下，一个强烈的视觉元素占据画面的一侧并将其注意力或是动作引向另一侧。切入新的镜头后，被关注物通常显示在相同的一侧。（　）

3.在剪辑时要注意画面的连续性，上一个镜头做出的动作，下一个镜头可以任意组接。（　）

4.将场景用两条竖线和两条横线分割得到4个交叉点，将画面重点放置在4个交叉点中的一个的构图方式叫作对称构图法。（　）

5.视频过渡的添加和设置涉及两部分："效果"面板和"效果控件"面板。（　）

三、简答题

1.常见的画面构图法有哪些？

2.镜头组接的基本原则有哪些？

项目四

制作剧情类短视频

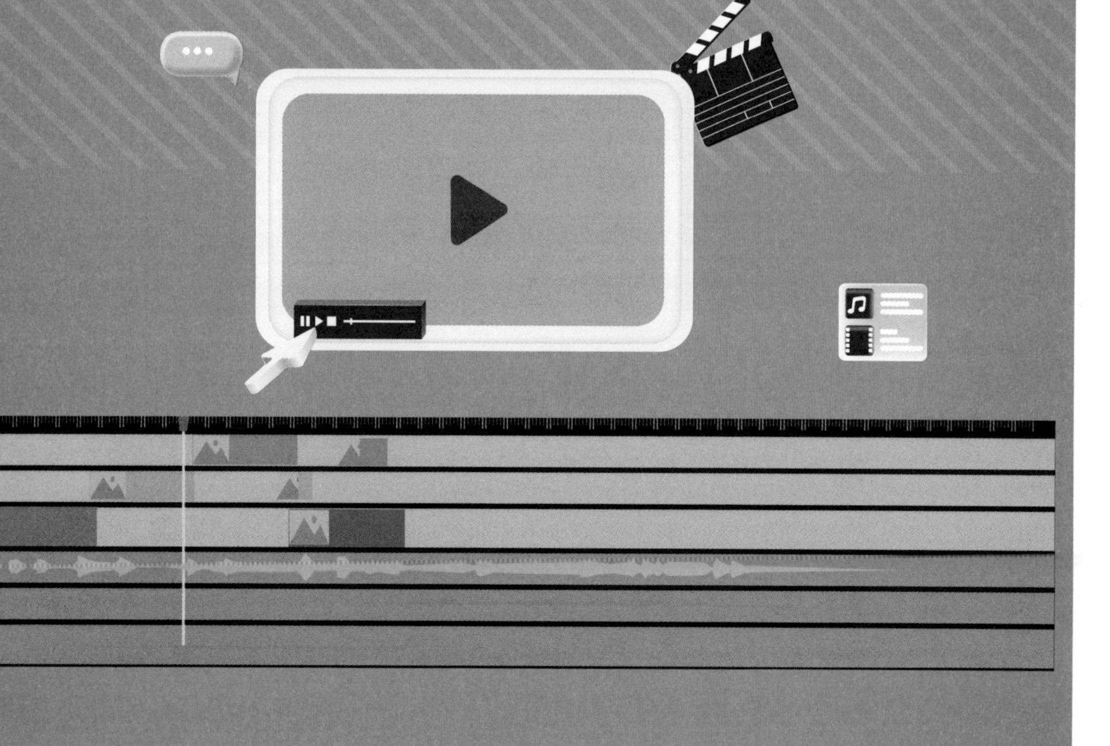

【项目导读】

剧情类短视频是指通过简短的视频来讲述一个故事的一种形式。随着移动互联网的普及，短视频成为人们消费娱乐的一种方式，而剧情类短视频则是其中最受欢迎的类型之一。剧情类短视频通常由一个完整的故事构成，包括开端、发展、高潮和结局。它的时长通常在1 ~ 5分钟之间，足够吸引人们的注意力，又不会让人感到无聊。同时，剧情类短视频的制作成本相对较低，可以在较短的时间内完成制作，适合在移动设备上观看。

剧情类短视频可以是真实故事的改编，也可以是虚构的故事，但无论哪种方式都需要有一个引人入胜的剧情和情感共鸣点。它可以是悲剧、喜剧、爱情故事或者其他类型的故事，只要能够引起观众的共鸣，就可以成为一个成功的剧情类短视频。

本项目介绍了剧情类短视频的前期内容策划、人物设定、分镜撰写、服化道的准备等内容；中期运动镜头的类型、主体与陪体的关系、外景布光方式，以及三脚架、稳定器的使用技巧；后期关键帧的设置和视频效果的应用。通过任务实例制作一个完整的剧情类短视频。

【学习目标】

素质目标

1. 养成构图美感和健康向上的审美情趣。
2. 养成良好的工作态度、创新意识、精益求精的工匠精神。

知识目标

1. 了解运动镜头的含义、主体与陪体的关系，以及剧情内容设置和人物塑造的方法。
2. 熟悉服化道的准备、外景布光方式、三脚架和稳定器的使用技巧。
3. 掌握分镜头脚本的撰写方法、Premiere软件中关键帧和运动效果的设置方法。

能力目标

1. 能够根据剧情类型构思剧本创意，撰写剧情类分镜头脚本。
2. 能够正确使用稳定装置完成剧情类短视频的拍摄。
3. 能够使用Premiere软件制作剧情类短视频。

任务一　策划剧情类短视频

【任务描述】

根据对任务的理解，撰写《惊喜》短视频分镜头脚本。要求剧情逻辑通顺，分镜头流畅自然，具有吸引力。

【任务分析】

在制作剧情类短视频前首先要构思人物，所有的故事都是围绕人物展开的。人物是剧本的核心，人物越鲜活，故事就越丰满。剧本撰写好后，就可以着手准备分镜头，让文字转化为画面，方便摄像师落实镜头。当然，服化道也需提前准备好，力求把控视频的每一处细节。

【知识准备】

一、剧本人物塑造

1. 人物的分类

（1）主要人物

主要人物又称主人公，是剧本着重刻画的中心人物，是矛盾冲突的主体，也是主题思想的重要体现者，其行动贯穿全剧。剧作构思中主要人物的确立有两个基本的要素。其一，主要人物是创作者在生活中发现的形象，是以深厚、坚实的生活积累为基础的。其二，主要人物必然处在剧本所描绘的各种现实矛盾的焦点上，是艺术提炼生活的结晶，体现出社会因素与美学因素的统一。

（2）次要人物

次要人物是为主要人物服务的。次要人物的艺术意义在于，在整个剧作的形象系列里他们并不是消极地作为主人公生活环境的点缀，而是积极地参与到情节的发展中去，从多方面烘托主人公生活环境的时代特征或者从某一侧面挖掘下去，揭示某种生活的本质意义。对主要人物的塑造起着对比、陪衬、铺垫作用的次要人物在剧作中所占篇幅有限，往往要借助于细节的提炼，几笔勾勒而神形毕现地显示自身性格的完整性和独立的审美价值。

2. 主要人物的塑造

（1）有明确的需求

在创建人物时，了解人物的需求是非常重要的。这有助于塑造一个有深度和真实感的人物，他们将有自己的动机、目标和内心冲突。需求可以是基本需求、心理需求、社交需求、内在需求等，确保人物的需求相互平衡，不会过于单一或片面。例如，一个人物可能需要同时满足生存需求和情感需求，以保持他们的内心平衡。而随着故事的发展，人物的需求可能会发生变化。展示这种成长可以使故事更具深度和说服力。

人物的基本需求包括生存、安全、归属感、尊重和自我实现等。这些基本需求是人物行动的主要驱动力，也是故事发展的关键因素。心理需求是指人物可能有情感、认知和道德等方面的需求。这些需求可能影响他们的行为和决策，以及他们与他人的关系。社交需求则是指人物在社交环境中需要与他人建立联系，维护关系并得到群体的认可。这些需求会影响他们的社交互动和人际关系。

除了外显的需求，也要注意深化人物的内在需求，包括对自我认知、自我成长和个人价值实现的需求。这些需求可以推动人物在故事中做出选择和面对挑战。将人物置于具体的情境中，如危机、冲突和矛盾中，可以强调他们的需求并增加故事的紧张感。

（2）有外显或潜在的欲望

在塑造人物时，为他们设定一个明确的欲望，这个欲望可以是故事的主要驱动力，也可以是人物的内在需求或目标。人物的欲望可能来自他们的过去、现在或未来。这可以影响他们的行为和决策，并给故事增加深度和复杂性。

当人物的欲望与他们的道德观、价值观或他人的利益发生冲突时，可以增加故事的紧张感和戏剧性。随着故事的发展，人物的欲望可能会得到满足或无法得到满足，这可以影响他们的行为和情感。在故事中人物的欲望可能会发生变化，这可以反映出他们的成长、变化或自我发现，并增加故事的连贯性和可信度。满足人物的欲望可能需要付出代价，如牺牲、失去、痛苦等，这也会影响着剧情的走势。

（3）有能力追求欲望和满足需求

剧本中人物通常需要具备满足需求的能力，这可以帮助他们克服障碍、解决问题并实现目标。人物可以具备一些内在的能力如智慧、勇气、创造力等，以及外在的能力如技能、知识、资源等。这些能力可以帮助人物在面对挑战和困难时想出解决问题的方法。

在故事的发展中，要通过人物的言行和决策来展现他们的能力。这可以使观众更好地了解人物的性格和特点，并增加对故事的兴趣和投入。尽管人物可能具备一些能力，但他们仍然可能面临一些困难和障碍。这可以增加故事的复杂性和深度，并使观众更加关注人物的成长和变化。随着故事的发展，人物的能力可以逐渐成长和变化。这可以反映在他们的行为、决策和情感上，并增加故事的连贯性和可信度。

（4）使观众产生共鸣

一个成功的人物形象需要具有真实感和可信度，能够让观众感同身受，并产生情感共鸣。把人物放在不断的矛盾冲突之中，关注人物命运的错位、变化，从而使观众对人物的行为和情感产生认同感。

塑造人物不仅仅是描绘他们的外貌、性格和背景，更重要的是展现他们的情感体验。当人物面临困境、挫折或冲突时，他们的反应和情感表达能够引起观众的共鸣。观众会因为人物的喜怒哀乐而产生相应的情感反应，从而加深对故事的理解和投入。故事中的人物通常会经历成长和变化，这种成长和变化不仅体现在他们的外在行为上，还体现在他们的内心世界中。观众见证了人物的成长和变化过程，会产生一种参与感和满足感，这种参与感和满足感也会促使观众产生共鸣。

3. 人物塑造的要点

在人物设定过程中，需要注意保持各个方面的协调一致，确保人物的行为和性格符合他们的背景、外貌和能力等方面的设定。同时，也要根据故事情节的发展需要，合理调整人物的动机和目标，以及他们与其他人物的关系。

（1）外貌

外貌是指人物外形特点，包括人物的容貌、姿态、神情、服饰等。重点在于以形传神，“神”是目的，“形”是手段，一定要通过外貌展示人物的精神气质、性格特征。外貌描绘要抓住特点，一定要注意人物的风神气度，做到形神兼备。外貌设置大致可以划分为先天和后天两类。先天外貌就是出生之后，通过正常的生长发育长成的外表长相。先天长相，从主人公角度来说，也许会带来诸多的问题，但站在创作者的角度，则会带来很多启发。而后天外貌就是经历一些事情之后改变了的长相，可以反映剧情的发展。

（2）衣着

衣着打扮首先体现了人物的需求，其次体现了人物的财富、身份和品位。描写一个人的衣着打扮，可以显示这个人最基本的财富和地位，稍高层次的品位和爱好，还可以代表一个人最高层次的思想。衣着打扮里边还包括了诸多人为的外部包装，如交通工具、私人住所、宠物、首饰、鞋、包等人物所附带的，在一定程度上折射出人物的权力、地位、品位、爱好等。衣着的作用可能是纯粹显示主人公的身份地位，或是表现主人公的能力，从而推进故事情节发展。

（3）行为

人物的举止谈吐是剧本里必写而且篇幅较大的部分。不同的人会有不同的举止谈吐，设置一些有特点的举止谈吐，才能让人物真实可感。有些人永远文质彬彬，有些人永远毛毛躁躁，由此会带来不同的行为后果。

（4）性格

所谓性格，从心理学角度看，是指一个人对待周围环境的一种稳定态度，以及与之相适应的行为方式。人物性格的设置需要注意的是，性格是一种心理态势，相对稳定，且个性化。因此，性格刻画不但是塑造人物形象的最佳切入点，而且是塑造人物形象成功与否的最终衡量标准。

（5）背景

特定的历史背景和家庭环境中成长起来的人物往往有独特的体验和经历。因为背景不同，当面对事件的时候，不同的人会有不同的反应。人物背景由创作者自己来定，要尽量体现不同背景人物之间的不同，或者同样背景人物之间的不同。不同的家庭经济状况、朋友亲戚圈状况、教养状况等，会带来不同的故事、冲突和矛盾，对人物性格的塑造具有极大的作用。同样的境遇和问题，如果设置两个出身完全不同的主人公，就会因不同的生活经历和教养情况出现完全不同的结果。如果这两个人物在同一个故事中，那么更会因为处世的不同引发各种矛盾冲突，从而推动情节的发展。

（6）社会关系

社会关系设定是指为故事中的人物设定与其他人物之间的关系。这些社会关系可以包括亲情、友情、爱情等，它们对人物的行为和决策产生重要影响。在故事中，人物的社会关系可以影响他们的性格、动机和目标。例如，一个角色的家庭背景可能影响他们的行为和价值观，而可能与另一个角色引发特定的情节和冲突。

二、剧情内容设置

1.剧情构思

剧情构思是创作故事的关键环节，它涉及故事的主题、情节、角色和结构等方面。一个好的剧情构思能够吸引观众的兴趣，让故事情节跌宕起伏，有深度和吸引力。

（1）立意

立意是指创作过程中对故事的主题、情感和价值意义的设定。它是故事构思的核心，贯穿整个故事的始终，决定着故事的方向、风格和深度。好的立意应该能够与观众产生共鸣，触动观众的内心情感和引发观众思考。通过深入了解观众的需求和喜好，可以更好地设定立意，让故事更加贴近观众的生活经验和思考方式。立意应该贯穿整个故事的始终，成为故事情节发展的内在动力。在构思故事时，应该将立意融入情节、角色和环境中，使其成为故事的重要组成部分。

（2）创意

创意是剧情的灵魂，如果只是模仿他人的作品，很难实现突破。在当今作品元素高度雷同化的时代，一个出色的创意很可能成就一部经典之作。作品的独特之处、与众不同之处以及吸引人的元素都体现了创作者的创意。

（3）结构

剧情的结构包括开端、发展、高潮、结尾。在现代故事创作中，剧情结构的发展趋势更加复杂化和多样化。一方面，随着观众审美水平的提高，对于故事的深度和广度都有了更高的要求。另一方面，新的媒介平台和传播方式也给故事创作带来了更多的可能性。为了满足观众对故事的深度和广度的要求，创作者需要在故事中设置更加复杂的情节和角色关系。例如，多线程叙事，将不同的故事线索交织在一起，让观众在观看过程中需要不断猜测和推测。

（4）设定

剧情的设定元素包括背景、人物性格、能力、外貌等内容。具体设定可以不用太详细，但是一定要清晰明朗。这样能够使创作者更好地表现社会背景、塑造角色。

2.剧情冲突

剧情冲突是推动故事情节发展的关键因素，它可以是人物之间的矛盾、人物内心的矛盾，或者是情节本身的矛盾。在故事创作中，创作者可以通过设定人物之间的矛盾来制造紧张和冲突，从而推动情节发展。这种矛盾可以是人物之间的性格差异、利益冲突、情感纠葛等。例如，在电视剧中，两个主角之间的性格差异和利益冲突可以导致他们产生矛盾，从而推动剧情的发展。人物内心的矛盾也是推动故事情节发展的重要手段，可以是信仰与现实的冲突、情感与理智的冲突、理想与现实的冲突等。这种内心矛盾可以让人物产生心理压力和挣扎，从而让故事更加引人入胜。

除此之外，情节本身的矛盾也是吸引观众的重要因素。情节本身的矛盾可以是故事情节的转折、高潮等，这些矛盾可以让观众产生好奇心和探究欲，从而吸引他们继续观看。

三、分镜的撰写

1. 分镜的定义

分镜是指将故事情节按照时间先后次序划分为一格一格的小画面，用来指导拍摄、制作和导演等创作人员的工作。

2. 分镜的作用

整合与组织故事情节：分镜使得故事的发展更加清晰和有序，给观众呈现出连贯的故事线索。

控制节奏与剧情：分镜可以通过画面的长度以及切换的速度来控制剧情的进展，给予观众期待和悬念。

丰富表达：分镜可以通过不同的视角、角度和镜头选择来表达角色的情绪和心理，增强观众的共鸣与投入感。

强调重点与关键场景：分镜可以突出剧情中的重要场景，使观众对剧情的关注集中在必要的地方。

探索艺术风格与创作理念：分镜也是导演表现个人风格与独特创意的方式，通过镜头的使用、色彩的运用等方式来实现艺术效果、与观众的情感沟通。

3. 分镜的撰写

分镜通常由表格的形式组成，包括镜号、景别、技巧、时长、画面内容、音乐（音效/解说词）、备注，见表4-1-1。

表4-1-1　分镜头脚本

镜号	景别	技巧	时长	画面内容	音乐（音效/解说词）	备注
1						
2						
3						

镜号：每个镜头按顺序编号。

景别：一般分为全景、中景、近景、特写等。

技巧：包括镜头的运用，推、拉、摇、移、跟等镜头的组合，以及淡出、淡入、切换、叠化等。

时长：每个镜头的拍摄时间，以秒为单位。

画面内容：详细写出画面里场景的内容和变化、简单的构图等。

音乐：使用的音乐，应标明风格和起始位置。

音效：也称为效果，用来营造身临其境的感觉，如铃声、鸟鸣等。

解说词：按照分镜头画面的内容，以文字稿的解说词为依据，把它写得更加具体、形象。

备注：对镜头的备注和说明，例如特殊效果、注意事项等。

四、服化道的准备

“服”即服装，“化”即化妆，“道”即道具与布景。服化道的准备是视频制作过程中非常重要的一环，需要认真考虑作品的历史背景、人物性格、场景、剧情等因素，注重细节和质量，并与导演的意图保持一致，以实现作品的真实性和观众体验的最大化。

1.演员与妆容的准备

在选择演员时，要根据脚本设定来进行选择。演员和角色定位要契合，比如搞笑类短视频需要一个能够放下包袱的演员；美妆类短视频需要一个对美妆领域足够熟悉的演员。此外，演员的妆容也应根据剧情需要来准备，比如被打之后的瘀青或者一些夸张的妆容，这些都是需要根据脚本设定来准备的。

2.道具的准备

根据不同的作用，道具可分为场景道具和表演道具，场景道具是布置场景中需要的。比如，如果故事剧情设置在办公室，那么电脑、办公桌这些就是场景道具；如果要扮演一个老人，那么假发和拐杖就是表演道具。

3.服装的准备

选择服装时，服装既要有辨识度，又要符合故事情节中的人设。比如，看到西装、衬衫就能联想到职场人士。不过随着短视频的拍摄场景越来越生活化、日常化，对于演员的服装没有太过严格的要求。

【任务实施】

步骤一：构思剧情大纲

立意：校园友情是指在学校里同学之间建立起的友谊关系。这种友谊是在学习、生活和娱乐等各个领域中形成的，它是人们一生中最珍贵的记忆之一。本片谨以此展现校园同学之间纯粹、真诚和快乐的友谊。

剧情大纲：赵鑫的生日快到了，三个室友决定给他策划一场生日惊喜，早早买好蛋糕的他们正在思考时，赵鑫却提前回来了。为了隐藏这份惊喜，发生了一系列啼笑皆非的故事。

步骤二：根据故事内容确定风格和类型

进一步细化剧本细节。

步骤三：完善人物设定以及故事

完善人物设定——根据故事大纲完善主角和其他配角人物的性格和行为。

故事逻辑清晰——依据人物个性完善故事细节，要逻辑清晰、行为可信。

《惊喜》故事大纲

赵鑫的生日快到了，三个室友提前买好了蛋糕打算给他一个惊喜。他们正在商讨将蛋糕藏在哪儿时，赵鑫回到了寝室。一个室友赶紧将赵鑫拉扯到一边，吸引他的注意力，另外两个室友将蛋糕悄悄运送出去。两个室友将蛋糕运到走廊上打算点蜡烛时，先是拆不开包装，后是点不着蜡烛。随后又遇到了同班同学，为了让赵鑫的生日更浩大，两个室友欣然同意了同学一起庆祝的请求。

此时，寝室内的赵鑫接到了朋友打来的生日祝福电话，他告诉朋友自己的生日并不是今天。同在寝室的室友赶紧把消息告诉其他两个室友，可这时捧着蛋糕的室友和来庆祝的同学已经站在了门口，准备将“惊喜”送给赵鑫。

步骤四：撰写分镜头脚本

故事《惊喜》的分镜头脚本见表4-1-2。

表4-1-2 《惊喜》分镜头脚本

镜号	景别	技巧	时长	画面内容	配音	音乐	备注
1	特写	固定	2秒	三个室友看蛋糕的表情			
2	中景	跟、正俯	3秒	三个室友围着蛋糕，盯着蛋糕看		欢快	
3	近景	固定	2秒	三个室友低下头去看蛋糕		欢快	
4	中近景	固定	7秒	一个室友抬起头，招呼另外两个室友回神，商讨给赵鑫的惊喜	“都不要看了，赵鑫生日啊，他的生日蛋糕。”	欢快	
5			3秒	黑屏出片名		欢快	片名“惊喜”文字
6	中近景	固定	46秒	三个室友围着蛋糕商讨给赵鑫的惊喜	“给他惊喜呀！”“怎么给他惊喜？”“给他个surprise！”“不知道啊。”“你不是我们寝室最聪明的吗，快想下呀。”“哎呀都这样说了，我思考一下，你说，我们放在窗户上？”“不行不行，那里不行，放在这里，他一会儿进来就看见了。”“你说一下呢，你说怎么送嘛。”“我大脑都要转不过来了。”“你们跟赵鑫玩得最好，这种事还要我考虑？”		

续表

镜号	景别	技巧	时长	画面内容	配音	音乐	备注
7	特写	固定	2秒	门锁打开			
8	中近景	跟	14秒	三个室友赶紧往桌下躲，一个室友往门口扑去，揽住赵鑫，将赵鑫拖到桌上看电脑	“兄弟、兄弟、兄弟！”“干什么？”“给你说个很重要的事情！快坐、快坐、快坐，就是金铲铲，波比当上四费卡了，来上号，兄弟上号呀。”		
9	全景	跟	10秒	蹲下的室友赶紧招呼另一个室友把蛋糕抱出去，走到一半，担心赵鑫看到，赶紧和室友使眼色	“你看你看，这个像不像波比？”“嗯。”“像不像剑魔？”“像剑魔。”		
10	中近景	跟	3秒	室友收到暗示，抱住赵鑫的头，让赵鑫看着自己	“兄弟，看我！”		
11	全景	跟	9秒	两个室友赶紧佝着身子悄悄将蛋糕运送出去			
12	全景	固定	4秒	两个室友抱着蛋糕出寝室门，狂奔至走廊			
13	全景	跟、俯	9秒	两个室友蹲在走廊上，打算解开蛋糕包装，却怎么也解不开	“看我，解不开！”“我来吧。”		
14	全景	跟	8秒	两个室友终于解开包装	“太简单了，简直就是完美。”“哇，完美完美完美！”		
15	近景	跟	40秒	赵鑫坐在电脑前，接到朋友打来的祝福电话	“喂，怎么了？”“谁跟你说我生日是今天的？”“我QQ上是乱写的，我生日是明天的嘛。”“嗯，你等我一会儿，晚上我还是跟你一起出去玩儿”“嗯嗯，好的。”	电话铃声	
16	全景	跟、俯	13秒	两个室友在插蜡烛时，一个同学经过询问后想要加入。两个室友欣然同意，并让同学多找几个同学一起	“谁今天过生日呀？”“赵鑫。”“那一会儿吃蛋糕的时候我也要来！”“多喊几个人一起，虽然有点小。”“好，我去多喊几个人。”	走路声	

续表

镜号	景别	技巧	时长	画面内容	配音	音乐	备注
17	中景转近景	跟、俯	38 秒	两个室友在走廊点蜡烛，蜡烛一直点不燃，两人争执是否还要继续点，这时点火的室友不小心将手烫着了，引来另一个室友的嘲笑，但终于把蜡烛都点燃了	“不用点了，兄弟。”“哎哟，打火机太烫了！”“算了，我们先不点了吧。”“要点！”“不点了吧，这风好大呀，感觉台风吹起来了一样。”“哎呀，没事，我觉得点得起来。”“你不知道把风挡着呀！”“我怎么知道风往哪边吹呀！”“你像这样把它围着啊！”“哈哈哈哈哈！”	打火机的声音	
18	特写	跟	3 秒	电脑聊天框打字“生日搞错了”			
19	全景	跟	4 秒	同学带着其他朋友乐呵呵地走了过来	“我们来了，赵鑫，我们都来吃蛋糕了！”		
20	中近景	跟	4 秒	两个室友端着蛋糕拿着生日帽，其他同学围在两边，一个室友示意大家小声点，正准备进门，手机响起	“嘘！”	消息提示音	

【任务评价与反思】 

任务评价						
序号	评价内容	评价标准	配分	评分记录		
				学生互评	组间互评	教师评价
1	剧本撰写	能够根据剧情类型创建一个故事剧本，且人物设置合理，故事逻辑流畅	40			
2	分镜撰写	能够根据剧本进行分镜头设计，要求元素清晰，镜头切换自然	40			
3	沟通交流	能够和教师、小组成员进行沟通交流，且态度积极、结果有效	20			
总分			100			
任务反思						

任务二 拍摄剧情类短视频

【任务描述】

根据上一任务策划的分镜头脚本，拍摄故事剧情类短视频。要求镜头平稳，收音清晰。

【任务分析】

剧情类短视频中存在许多场景，自然也就需要各方面的场景调度，运动镜头必不可少。拍摄时，也要把握好主体与陪体的关系、外景布光方式，以及三脚架、稳定器的使用技巧，它们是成就一个优秀视频的关键。

【知识准备】

一、运动镜头

所谓运动镜头，是指在拍摄画面时通过运动的拍摄设备机位变化，让画面产生动感的拍摄方式，如图4-2-1所示。

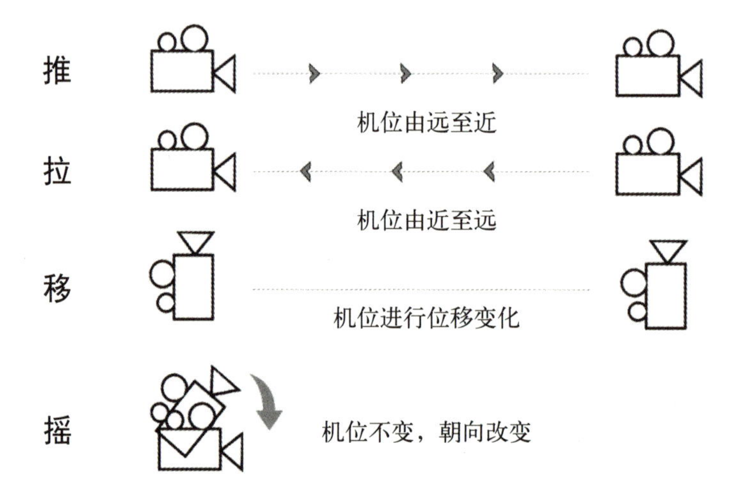

图4-2-1　运动镜头

按镜头的运动方式，主要分为推、拉、摇、移、跟、升降等类型。一个完整的运动镜头包括起幅、运动过程和落幅三个部分。从起幅到落幅的过程，能够使观看者不断调整自己的观看范围，从而产生一种身临其境之感。

1. 推镜头

推镜头指在被摄对象位置不变的情况下，拍摄设备向前缓缓移动或急速推进的镜头。

用推镜头，取景范围由大到小，画面里的次要部分逐渐被推移到画面之外，主体部分或局部细节逐渐放大，占满画面。在景别上也由远景变为全景、中景、近景甚至特写。此种镜头的主要作用是突出主体，使观众的视觉注意力相对集中，视觉感受得到加强，达到一种审视的状态。它符合人们在实际生活中由远而近、从整体到局部、由全貌到细节观察事物的视觉心理。

2. 拉镜头

与推镜头的运动方向相反，摄影镜头由近而远向后移动离开被摄对象；取景范围由小变大，被摄对象由大变小，与观众的距离也逐步加大。画面的形象由少变多，由局部变化为整体。在景别上由特写或近景、中景拉成全景、远景。拉镜头的主要作用是交代人物所处的环境。

3. 摇镜头

指拍摄设备不做移动，借助于活动底盘使摄影镜头上下左右甚至周围旋转拍摄，犹如人的目光顺着一定的方向对被摄对象巡视。摇镜头能代表人物的眼睛，看待周围的一切。它在描述空间、介绍环境方面有独到的作用。左右摇常用来介绍大场面，上下直摇常用来展示高大物体的雄伟、险峻。摇镜头在逐一展示、逐渐扩展景物时，还使观众产生身临其境的感觉。

4. 移镜头

指拍摄设备沿着水平方向进行左右横移拍摄的镜头。移镜头是机器自行移动，不必跟随被摄对象。它类似生活中人们边走边看的状态。移镜头同摇镜头一样，能扩大银幕二维空间映像能力，但因机器不是固定不变，所以比摇镜头有更大的自由。它能打破画面的局限，扩大空间视野，表现广阔的生活场景。

5. 跟镜头

指拍摄设备跟随被摄对象保持等距离运动的移动镜头。跟镜头始终跟随运动着的主体，有特别强的穿越空间的感觉，适宜于连续表现人物的动作、表情或细节的变化。

6. 升降镜头

拍摄设备借助升降装置等一边升降一边拍摄的方式叫升降拍摄，用这种方式拍摄到的画面叫升降镜头。

（1）升降镜头的画面特点

第一，升降镜头的升降运动带来了画面视域的扩展和收缩。

第二，升降镜头视点的连续变化形成了多角度、多方位的多构图效果。

（2）升降镜头的功能

第一，升降镜头有利于表现高大物体的各个局部。

第二，升降镜头有利于表现纵深空间的点面关系。

第三，升降镜头常用以展示事件或场面的规模、气势和氛围。

第四，利用镜头的升降可以实现一个镜头内的内容转换与调度。

第五，升降镜头可以表现出画面内容中感情状态的变化。

二、主体与陪体

1. 主体和陪体的定义

（1）主体

主体可以是人，可以是物，也可以是一种现象。一般视频内容重点拍摄的东西就是主体，其他所有的拍摄内容都是围绕着这个主体展开的，所有的情节都是用来服务它的。

（2）陪体

陪体是用来突出主体的，具有为主体增加立体空间感以及均衡画面的作用。

2. 主体和陪体的关系

主次分明的摄影画面，主题才会更加明确。主体与陪体的关系既相互矛盾又相互依存，主体是重点拍摄和表现的物体，是画面的重点、构图的期望点，更是主题思想的主要表现者。主体在画面中的位置会影响到画面的美感与平衡，所以主体在画面中应该处于主导地位。将它放在画面中心或是画面的黄金分割点上，这样就能一目了然。如图4-2-2所示。

3. 突出主体的方法

（1）利用大小对比

在任何一个大小均匀的构图中，足以打破均匀的那一部分，具有最大的吸引力。所以，要使主体变得引人注目，可以有意选择一些与主体相比显得更大一些或者更小一些的陪体来作对比，主体会更加突出。如图4-2-3所示。

图4-2-2　主体在画面中应该处于主导地位

图4-2-3　利用大小对比

（2）利用明暗对比

通过增加画面中主体的明度或者周围环境的暗度来营造一种明暗对比强烈的效果，从而使得主体在画面中更加醒目、突出。这种手法可以让观众的视线更容易被吸引到主体上，增强视觉冲击力和画面的层次感。如图4-2-4所示。

（3）利用质感对比

利用质感对比突出主体，是指利用画面中不同材质物体的表现力，来强调主体的特征和美感。比如，皮肤的柔嫩或粗糙、首饰的光泽、玻璃的透明、钢铁的硬重、丝绸的飘逸等。不同的质感可以形成视觉上的对比，让主体更加引人注目，也更容易传达出创作者想要表达的情绪和主题。如图4-2-5所示。

图4-2-4　利用明暗对比

图4-2-5　利用质感对比

（4）利用形状对比

当两种外表形状不同的物体并存于同一画面中时，其相互之间具有明显的烘托作用，并起到突出主体的功效。如图4-2-6所示。

（5）利用色彩对比

俗话说："红花虽好，绿叶不可少。"这句话极其精辟地说明了色彩对比对于突出主体具有很大的作用。确实，红花只有在绿叶的衬托下才能更显其艳丽。推而广之，凡在色相上处于对比色彩的物体，都有相互烘托、陪衬的作用。如图4-2-7所示。

图4-2-6　利用形状对比

图4-2-7　利用色彩对比

（6）利用方向对比

画面中，物体方向的改变引起的差异具有强大的吸引力。因为主体的方向与陪体的线条方向相悖，即可把人们的视线吸引到那里。如图4-2-8所示。

（7）利用情绪对比

拍摄人物时，除了可以采用上述方法来达到突出主体的目的，还可以利用被摄对象流露出的不同情绪来进行对比，从而起到烘托主角的作用。如图4-2-9所示。

图4-2-8　利用方向对比

（8）利用框格突出主体

在摄影中，利用框格能够有效地衬托、突出主体。这是因为框格与主体之间存在着较大的差异（无论是色彩、外形还是反差），而差异会使人们的注意力集中起来。如图4-2-10所示。

图4-2-9　利用情绪对比

图4-2-10　利用框格突出主体

三、外景布光

对被摄主体而言，拍摄时受到的照射光线往往不止一种，各种光线有着不同的作用和效果。

1.光型

在布光时光型通常分为主光、辅光、轮廓光、装饰光和背景光五种。

（1）主光

主光是被摄主体的主要照明光线，对于被摄主体的形态、轮廓和质感的呈现起着决定性作用。主光的位置和角度一旦确定，画面的基调也就随之确定。对于一个被摄主体来说，主光应该只有一个。如果同时使用多个光源作为主光，则无法区分主次光源，还会产生多个主光相互干扰的情况，使画面混乱无序。

（2）辅光

辅光的主要功能是提高主光照射不到的阴影部位的亮度，使暗部也呈现出一定的细节和层次，同时降低影像的明暗对比。在使用辅光时必须明确一点，辅光的强度必须小于主光的强度，否则就会导致主次不分的效果，并且在被摄主体上形成明显的辅光投影。

（3）轮廓光

轮廓光是用来勾勒被摄主体轮廓的光线，它可以赋予被摄主体立体感和深度感。通常，逆光和侧逆光会被用作轮廓光，而且轮廓光的亮度或强度通常会高于主光的强度。深色背景有助于轮廓光的突出和视觉效果。

（4）装饰光

装饰光主要用于对被摄主体的部分细节进行修饰或增强，以展现出更丰富的层次感。装饰光通常为窄光，人像摄影中的眼神光、利用外在物品的发光以及商品摄影中首饰品的耀斑等都是典型的装饰光。

（5）背景光

背景光是照射背景的光线，它的主要作用是衬托被摄主体、渲染环境和气氛。自然光和人造光都可用作背景光。背景光的用光一般宽而软，并且均匀，不破坏整个画面的协调性和主体造型。

2. 布光方式

（1）三点式

三点式布光通常用于拍摄较小的场景，需要使用三盏灯，分别是主光、辅光与轮廓光。主光通常放置在主体的前侧或正侧方，使得光线能自然地照射在主体上。辅光放置在主光的相对侧，以填充主光留下的阴影。轮廓光从一侧照亮主体的边缘，使得主体边缘更加鲜明，如图4-2-11所示。

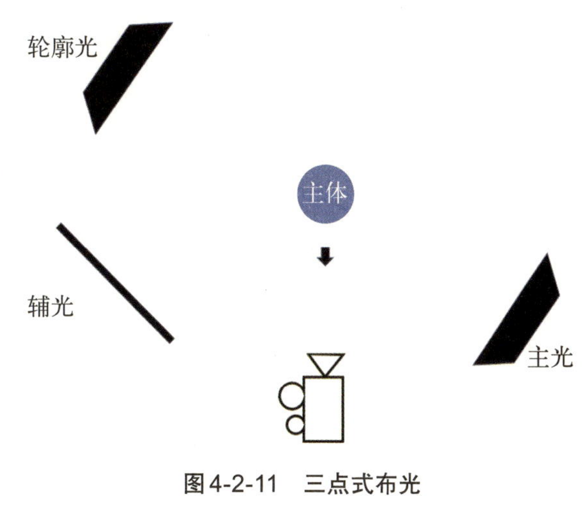

图4-2-11 三点式布光

（2）单点式

单点式布光通常将光源放置在被摄对象的正前方或正上方，以形成一个明亮的照明区域。这种布光方式常用于拍摄人像、静物等需要突出表现对象的细节和形态的场景。在单点式布光中，光源的位置和照射角度需要根据被摄对象的特点和拍摄需求进行调整。例如，在拍摄人像时通常将主光源放置在摄影师的偏侧面，以形成阴影和高光区域，从而突出人物的面部轮廓和表情。同时，还可以通过调整光源的照射角度和亮度，来控制照明区域的亮度和对比度。

（3）全景式

全景式布光通常用于拍摄较大的场景，如演播室、会议室等。这种布光方式注重对整个场景的照明，以呈现场景的完整性和细节。在全景式布光中，通常使用多台灯光设备，分别放置在场景的不同位置，以实现对整个场景的均匀照明。主光源通常放置在场景的前方或上方，以提供主要的照明；而辅光源则放置在场景的侧面或后方，以增加阴影和高光区域的表现。

四、三脚架、稳定器的使用技巧

1. 三脚架

在使用三脚架时，要选择合适的高度和位置。一般来说，三脚架的高度应该与摄影师的胸部高度相当，这样可以更好地支撑相机，避免出现晃动的情况。在选择位置时，应该选择平坦、坚实的地面，以避免三脚架倾斜或者下沉的情况。其次，在使用三脚架时，要注意将三个脚调整到合适的位置。一般来说，三个脚应该分开成稳定的三角形，这样可以更好地支撑相机。同时，要注意将脚尖指向拍摄点，以避免出现相机倾斜的情况。

2. 稳定器

使用稳定器拍摄，人在上下左右移动的时候相机头是不动的，起到稳定的作用。有的稳定器可以折叠，折叠之后如一个手电筒大小，携带非常方便。

手持相机稳定器的使用技巧在于，要培养一种行走意识，让稳定器尽量处于一个稳定的状态。行走时要注意避免空载开机，确保安装好相机或手机等拍摄设备后再启动稳定器。调平俯仰轴时，要确保无论转动稳定器上的相机至任意角度，在该角度下均可保持静止。同时，摄影师要保持稳定器离身体不过远，以减少力气消耗。在拍摄过程中，可以90°垂直握持稳定器以抵消垂直方向的抖动。通过这些技巧的运用，手持相机稳定器可以发挥其最大的增稳作用，帮助摄影师拍摄出更加稳定、清晰的画面。

【任务实施】

步骤一：工作人员详细阅读分镜头脚本，了解故事内容和涉及的场景。

步骤二：根据脚本准备相关的拍摄辅助道具，布置恰当的拍摄环境与灯光氛围。通过摄像机调整画面构图。

步骤三：根据分镜头脚本拍摄剧情类短视频。

注意事项：① 拍摄过程中反复拍摄是正常状况，不用追求一次性完成。但为追求较高的工作效率，减少拍摄负面状况，拍摄团队要认真阅读脚本设计。② 拍摄过程中，如果发现脚本有问题，可以根据现场拍摄实际情况优化脚本结构。但如果需要深度修改，建议暂停拍摄。等待脚本完善后，再进行拍摄工作。拍摄团队养成经常性沟通总结的工作习惯，尽力降低拍摄时调整脚本频率。③ 如果使用多组镜头切换拍摄录制，要为视频、音频素材整理标号，方便后期剪辑。

【任务评价与反思】 

任务评价						
序号	评价内容	评价标准	配分	评分记录		
				学生互评	组间互评	教师评价
1	拍摄工作	能够依据脚本完成视频拍摄，且操作熟练、规范	30			
2	拍摄效果	能够按需求完成任务制作，同时画质、音效清晰，布光、构图合理，视频素材完整	50			
3	沟通交流	能够和教师、小组成员进行沟通交流，且态度积极、结果有效	20			
总分			100			
任务反思						

任务三

剪辑剧情类短视频

【任务描述】

根据对任务的理解，剪辑拍摄的《惊喜》短视频。要求故事结构完整，节奏清晰，具有吸引力。

【任务分析】

剧情类短视频制作较为简单，一切以叙述清楚故事为前提。在剪辑时也可添加一些必要的视频效果，让视频画面更精美丰富，或展现创作者的用意。

【知识准备】

一、关键帧设置

在Premiere软件中，不仅可以编辑组合视频素材，还可以将静态的图片通过运动效果使其运动起来。帧是动画中最小单位的单幅影像画面，相当于电影胶片上的一格画面，当时间指针以不同的速度沿“时间轴”面板逐帧移动时，便形成了画面的运动效果。表示关键状态的帧叫关键帧，运动效果是利用关键帧技术，对素材进行位置、动作或透明度等相关参数的设置。关键帧的变化可以是素材的运动变化、特效参数的变化、透明度的变化和音频素材音量的变化。当使用关键帧创建随时间变换而发生改变的画面时，必须使用至少两个关键帧，一个定义开始状态，另一个定义结束状态。Premiere软件主要提供了两种设置关键帧的方法：一是在“效果控件”面板中设置关键帧，二是在“时间轴”面板中设置关键帧。下面，首先来认识“效果控件”面板，如图4-3-1所示。

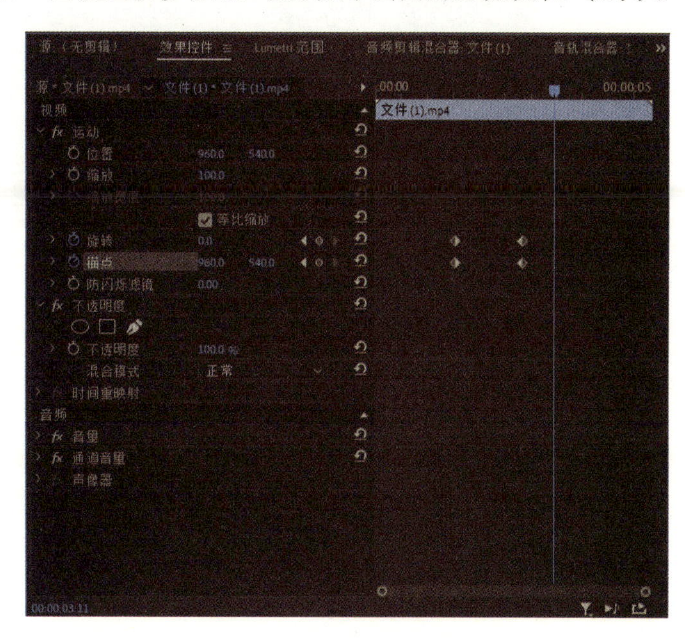

图4-3-1　“效果控件”面板

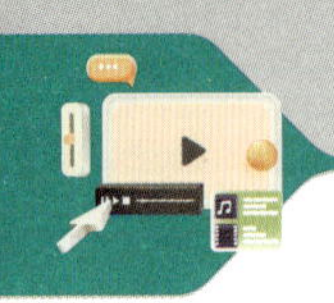

1. 在“效果控件”面板上设置关键帧

（1）添加关键帧

添加必要的关键帧是制作运动效果的前提，添加关键帧的方法如下。

① 要为素材添加关键帧，首先应当将素材添加到视频轨道中，并选中要建立关键帧的素材，然后展开“效果控件”面板的“运动”属性。

② 将时间指针移到需要添加关键帧的位置，在“效果控件”面板中设置相应选项的参数（如“位置”选项），单击“位置”选项左侧的“关键帧”按钮，会自动在当前位置添加一个关键帧，将设置的参数值记录在关键帧中。

③ 将时间指针移到需要添加关键帧的位置，修改选项的参数值，修改的参数会被自动记录到第二个关键帧中，或者单击“添加/移动关键帧”按钮来添加关键帧。

（2）关键帧导航

关键帧导航功能可方便对关键帧的管理，单击导航三角形箭头按钮，可以把时间指针移动到前一个或后一个关键帧位置，单击左侧的折叠按钮可以展开各项“运动”属性的曲线图表，包括数值图表和速率图表，如图4-3-2所示。

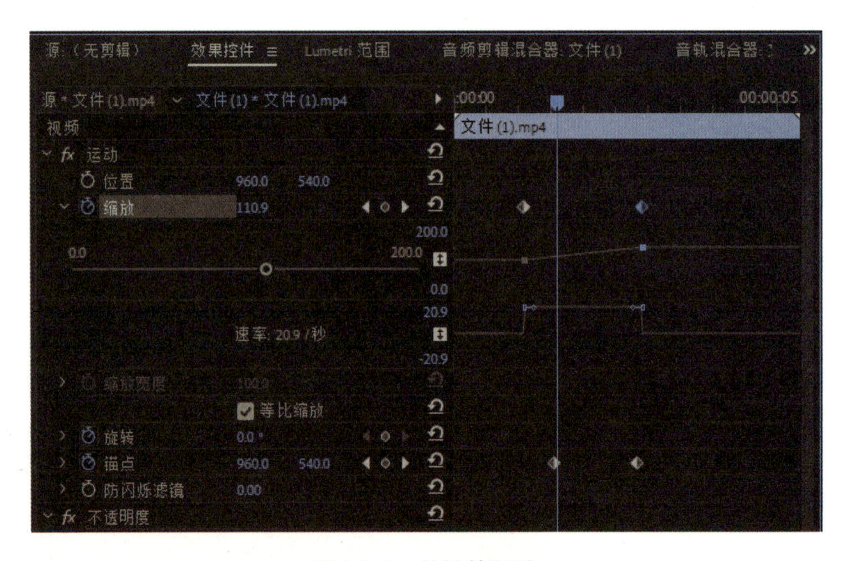

图4-3-2　关键帧导航

（3）选择、复制、粘贴和移动关键帧

在“效果控件”面板上选择单个关键帧时，只需要用鼠标单击某个关键帧即可；选择多个关键帧时，按住Shift键逐个点击要选择的关键帧；使用鼠标左键框选也可以选择多个关键帧。

关键帧保存了参数在不同时间点的值，可以被复制、粘贴到本素材的不同时间点，也可以粘贴到其他素材的不同时间点。将关键帧粘贴到其他素材时，粘贴的第一个关键帧的位置由时间指针所处的位置决定，其他关键帧依次顺序排列。如果关键帧的时间比目标素材要长，则超出范围的关键帧也被粘贴，但不显示出来。

在“效果控件”面板中，选择需要复制的关键帧，执行菜单“编辑>复制”命令，或者右击鼠标，在弹出的快捷菜单中选择“复制”命令，然后将时间指针移动到需要复制关键帧的位置，执行菜单“编辑＞粘贴”命令，或者右击鼠标，在弹出的快捷菜单中选择“粘贴”命令。

选择一个或按住Shift键选择多个关键帧，可拖曳到新的时间位置，且各关键帧之间的距离保持不变。

（4）删除关键帧

在“效果控件”面板中删除关键帧，可以采用以下几种方法。

① 选中需要删除的关键帧，执行菜单“编辑＞清除”命令可删除关键帧。

② 选中需要删除的关键帧，按Delete键或Backspace键可删除关键帧。

③ 将时间指针移到需要删除的关键帧处，单击“添加/删除关键帧”按钮，可以删除关键帧。

④ 要删除某选项（如“位置”选项）所对应的所有关键帧，可单击该选项左侧的“切换动画”按钮，此时会弹出如图4-3-3所示的“警告”对话框，单击“确定”按钮后可删除该选项所对应的所有关键帧。

2.在“时间轴”面板轨道上设置关键帧

（1）添加关键帧

要在“时间轴”面板轨道上设置关键帧，应先选中要建立关键帧的层，放大图层轨道，单击序列控制区域的“时间轴显示设置”按钮🔧，在弹出的“时间轴”菜单中勾选“显示视频关键帧”选项，如图4-3-4所示。选择工具箱中的“钢笔工具”，单击素材上的关键帧控制线，即可添加关键帧。

（2）调整关键帧

可以对轨道关键帧进行拖曳调整，位置的高低表示数值的大小，使用“钢笔工具”调整控制柄的方向和长度，如图4-3-5所示。轨道关键帧选择、复制、粘贴和删除的操作方法与“效果控件”面板上的关键帧操作方法相同。

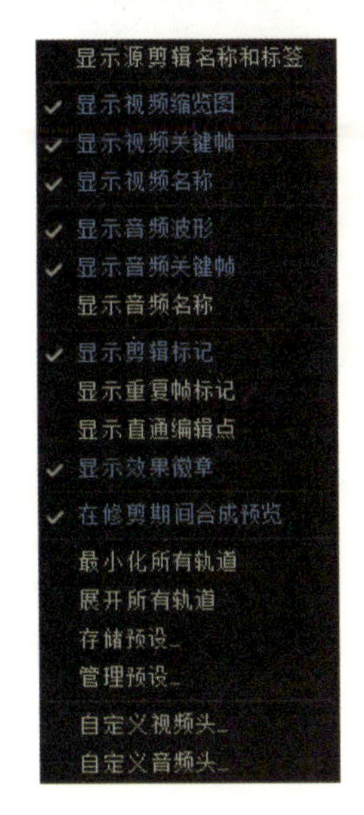

图4-3-4　“时间轴”菜单

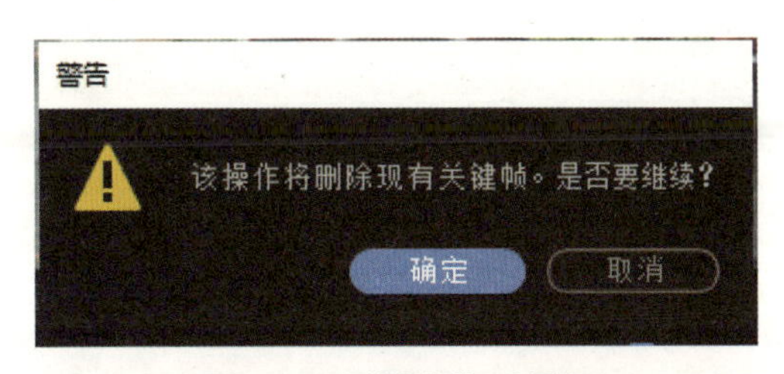

图4-3-3　“警告”对话框

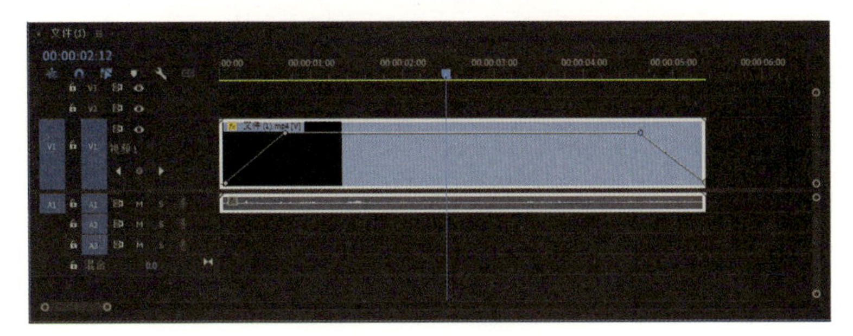

图4-3-5　轨道关键帧

二、运动效果设置

1. 位置的设置

通过水平和垂直参数可定位素材在“节目”监视器面板中的位置。将素材添加到轨道中，选择“效果控件”面板中的“运动”选项，此时“节目”监视器面板中的素材变为有控制外框的状态，如图4-3-6所示。拖动该素材或者直接修改“效果控件”面板中的“位置”参数，可以改变素材的位置。

图4-3-6 “节目”监视器面板中位置的设置

如果需要素材沿路径运动，需要在运动路径上添加关键帧，并调整每一个关键帧所对应的位置。图4-3-7所示的是添加了三个位置关键帧后定义的素材运动路径。

图4-3-7 “效果控件”面板和“节目”监视器面板

2. 缩放的设置

“缩放”选项用于控制素材的大小。选择“效果控件”面板中的“运动”选项后，“节目”监视器面板中的素材变为有控制外框的状态，拖动边框上的尺寸控点或可以调整素材的缩放比例，如图4-3-8所示。也可以通过修改“效果控件”面板中的“缩放”参数，来调整素材的缩放比例。如果不勾选“等比缩放”选项，则可以分别设置素材的高度和宽度的缩放比例。

图4-3-8 “节目”监视器面板中缩放的设置

3.旋转的设置

“旋转”选项用于控制素材在“节目”监视器面板中的角度。选择“效果控件”面板中的“运动”选项后，“节目”监视器面板中的素材变为有控制外框的状态，将鼠标指针移动到素材上四个角尺寸控点的左右，当指针变为形状时，可以拖动鼠标旋转素材，如图4-3-9所示。

图4-3-9 “节目”监视器面板中旋转的设置

在“效果控件”面板中设置“旋转”的参数值，也可以对素材进行任意角度的旋转。当旋转的角度超过“360°”时，系统以旋转一周来标记角度，如“360°”表示为“1×0.0”；当素材进行逆时针旋转时，系统标记为负的角度。

“锚点”选项用于控制素材旋转时的轴心点。“防闪烁滤镜”选项用于控制素材在运动时的平滑度，提高此值可降低影片运动时的抖动。

4.不透明度的设置

“不透明度”动画效果常用于代替视频转场，用于控制素材在屏幕上的可见度，可以通过设置百分比值来控制不透明的程度。在“效果控件”面板中展开“不透明度”选项，设置其参数值，便可以修改素材的不透明度。当素材的“不透明度”为100.0%时，素材完全不透明；当素材的“不透明度”为0.0%时，素材完全透明，此时可以显示出其下层的图像。在“时间轴”面板中设置不透明度动画，选中需要设置不透明度动画的素材，移动时间指针到需要设置的位置，在所选素材的轨道控制区域单击“添加/移除关键帧”按钮即可添加关键帧。

在“不透明度”属性下有三个创建蒙版的工具：“创建椭圆形蒙版”按钮、“创建四点多边形蒙版”按钮和“自由绘制贝塞尔曲线”按钮，用它们可以创建蒙版。创建蒙版后，在“效果控件”面板上“不透明度”下出现蒙版设置选项，如图4-3-10所示。

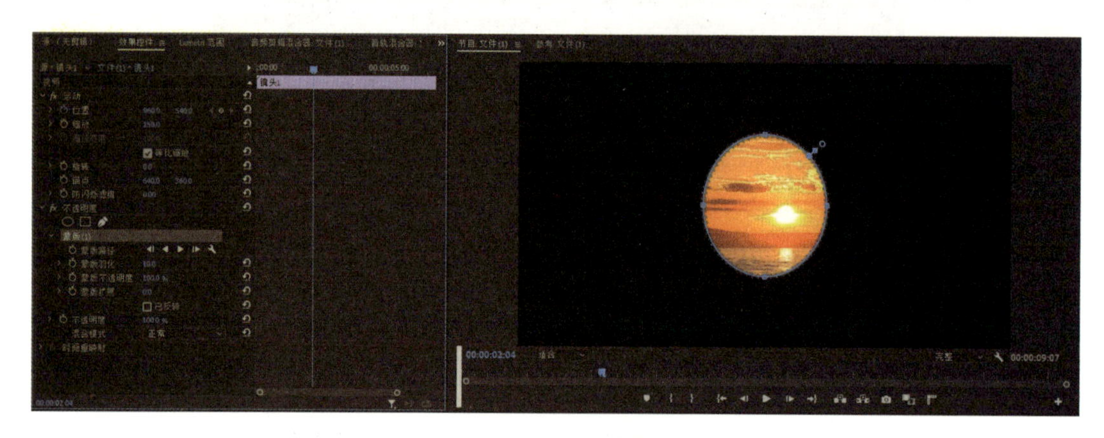

图4-3-10　蒙版设置

“混合模式”选项用于设置素材的混合模式，默认为“正常”。单击下箭头按钮，可弹出“混合模式”类型列表，如图4-3-11所示。

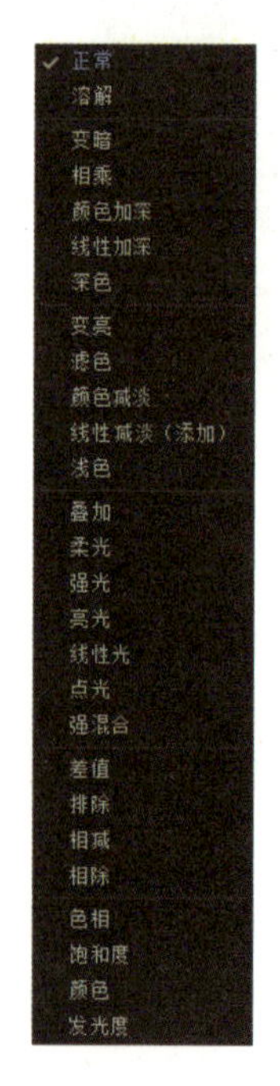

图4-3-11　“混合模式”类型列表

【任务实施】

步骤一： 新建项目

启动Adobe Premiere Pro CC 2022软件，弹出“开始”欢迎界面，单击“新建项目”按钮，弹出“新建项目”对话框，在“位置”选项中选择文件保存的路径，在“名称”文本框中输入文件名“惊喜”，如图4-3-12所示。单击“确定”按钮，完成创建。

剪辑“惊喜”短视频

选择“文件>新建>序列”命令，弹出“新建序列”对话框，在“设置”选项中选择相应参数，在“名称”文本框中输入文件名“惊喜”，如图4-3-13所示。单击“确定”按钮，完成创建。

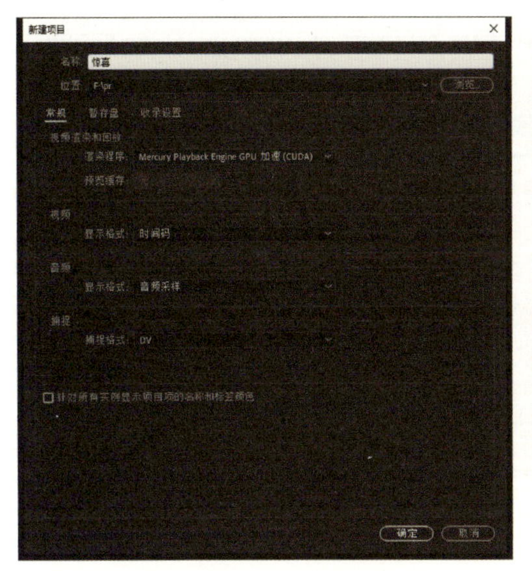

图4-3-12　新建项目

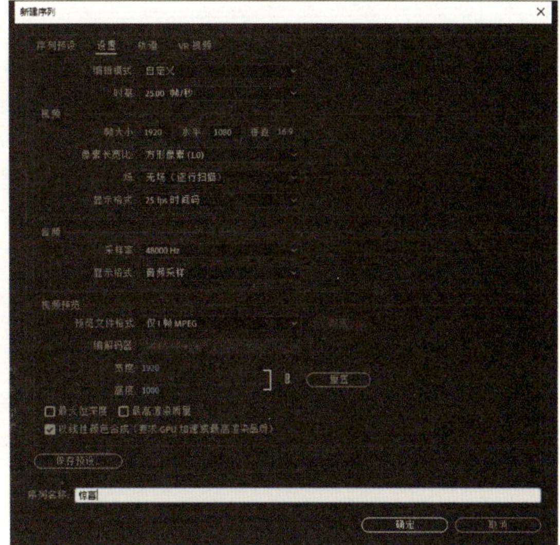

图4-3-13　新建序列

步骤二：导入视频素材进行镜头组接

1. 导入素材

选择“文件＞导入”命令，弹出“导入”对话框，选择云盘中的“C:\Users\HP\Desktop\剧情IP短视频\文件（1）……文件（18)”，单击“打开”按钮，将视频文件导入“项目”面板中，如图4-3-14所示。

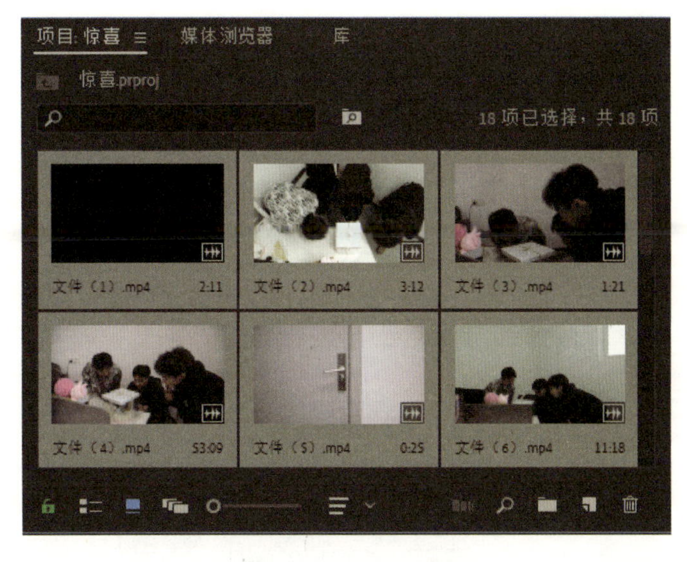

图4-3-14　导入素材

2. 镜头组接

将“项目”面板中的文件（1）至文件（18）拖拽到“时间轴”面板中的“视频1”轨道中，按顺序组接好，如图4-3-15所示。

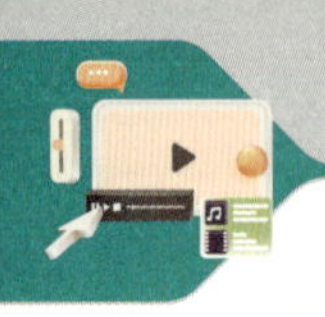

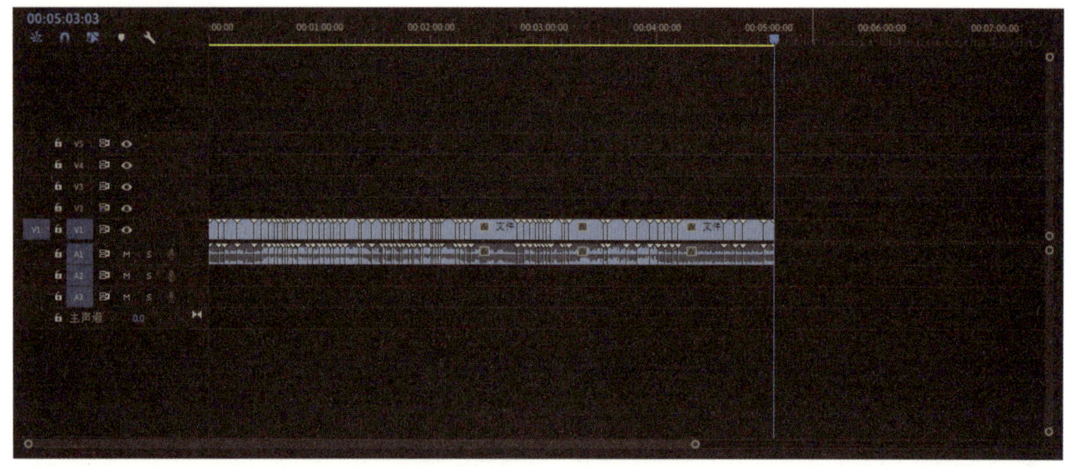

图4-3-15　添加文件至视频轨道

步骤三：添加运动效果

1.设置“位置”效果

将时间标签放置在00:00:00:00的位置，选中剪辑片段，单击“效果控件”，选中“运动”选项中的“位置”关键帧按钮，设置参数“331，-545”。将时间标签放置在00:00:00:11的位置，打上关键帧，设置参数为“331，540”。根据以上步骤设置其他两个人物镜头。

2.设置“缩放”效果

将时间标签放置在00:01:15:18的位置，选中“文件（6）”，单击“效果控件”，选中“运动”选项中的“位置”和“缩放”关键帧按钮，设置参数为“960，540”“100%”。选中“文件（7）”，单击“效果控件”，选中“运动”选项中的“位置”和“缩放”关键帧按钮，设置参数为“1739，988”“37%”。

将时间标签放置在00:01:17:02的位置，为文件（6）“运动”选项中的“位置”和“缩放”打上关键帧，设置参数为“349，192”“37%”。为文件（7）“运动”选项中的“位置”和“缩放”打上关键帧，设置参数为“960，540”“100%”。可得到如图4-3-16所示的效果。

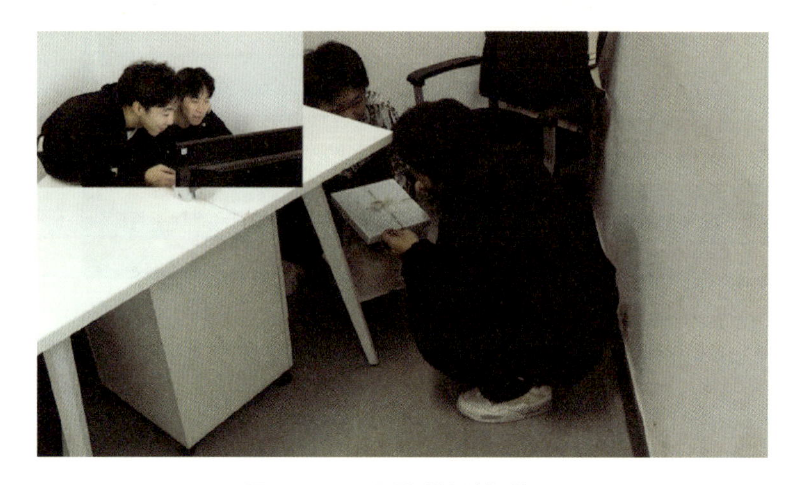

图4-3-16　设置“缩放”效果

步骤四： 添加并处理文本

1. 添加标题

将时间标签放置在00:00:14:06的位置，选中“文件（4）”，剪切。按T键切换“文字工具”在“节目”窗口画面居中的位置创建文字，文字为“惊喜”。将时间标签放置在00:00:17:00的位置，将鼠标放置在图片结尾处，当鼠标指针呈◀状态单击，选取编辑点。按E键，将所选编辑点扩展到播放指示器的位置，如图4-3-17所示。

2. 添加字幕

将时间标签放置在00:00:09:06的位置，按T键切换“文字工具”在“节目”窗口底部居中的位置创建文字，文字为“都不要看了啊”。将时间标签放置在00:00:10:18的位置，将鼠标放置于图片结尾处，当鼠标指针呈◀状态单击，选取编辑点。按E键，将所选编辑点扩展到播放指示器的位置，如图4-3-18所示。依次将其他字幕添加至相应位置。

图4-3-17　添加标题

图4-3-18　添加字幕

步骤五： 添加转场效果

在“效果”面板中展开“视频过渡”特效分类选项，单击“溶解”文件夹的折叠按钮将其展开，选中“交叉溶解”特效，如图4-3-19所示。将“交叉溶解”特效拖拽到“时间轴”面板中字幕文件起始和终止位置，如图4-3-20所示。用相同的方法根据视频的节奏在其他镜头组接位置添加合适的转场效果。

图4-3-19　“交叉溶解”特效

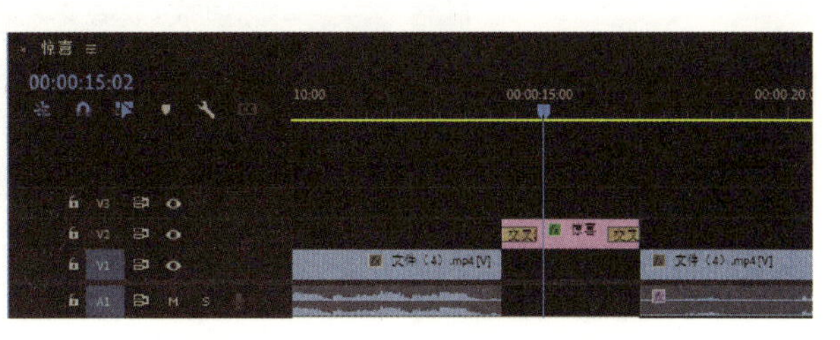

图4-3-20　添加“交叉溶解”特效

步骤六：添加音频效果

将时间标签放置在00:00:02:09的位置，将“项目”面板中的“音频”文件拖拽到“时间轴”面板中的“音频2”轨道中，如图4-3-21所示。

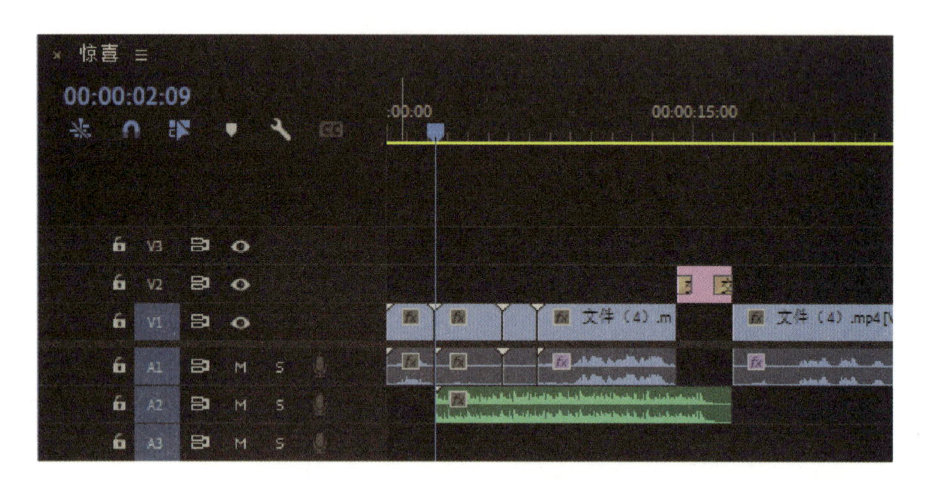

图4-3-21　添加音效

拉宽“音频2轨道”，选中按钮，选择“轨道关键帧>音量”，如图4-3-22所示。将时间标签放置在00:00:07:11的位置，添加关键帧。将时间标签放置在00:00:07:22的位置，添加关键帧，并将关键帧下拉至“–8.9dB”，如图4-3-23所示。

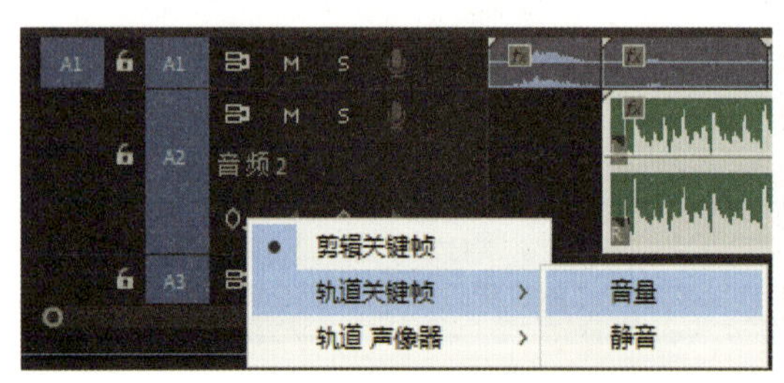

图4-3-22　选择“音量”关键帧

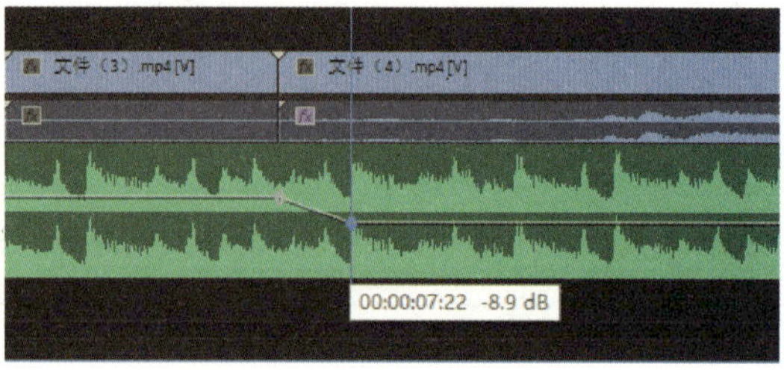

图4-3-23　下拉关键帧

右键单击第一个关键帧，选择“缓入”，再单击第二个关键帧，选择“缓出”，如图4-3-24所示。依次处理音频，效果如图4-3-25所示。

图4-3-24　设置关键帧

图4-3-25　音频效果

步骤七： 导出视频

选择“文件>导出>媒体”命令，弹出“导出设置”对话框，具体的设置如图4-3-26所示。单击“导出”按钮，导出视频文件。

图4-3-26　导出视频

【任务评价与反思】 

<table>
<tr><td colspan="7">任务评价</td></tr>
<tr><td rowspan="2">序号</td><td rowspan="2">评价内容</td><td rowspan="2">评价标准</td><td rowspan="2">配分</td><td colspan="3">评分记录</td></tr>
<tr><td>学生互评</td><td>组间互评</td><td>教师评价</td></tr>
<tr><td>1</td><td>后期剪辑</td><td>能够依据脚本和拍摄素材进行短视频剪辑，且操作熟练、规范</td><td>30</td><td></td><td></td><td></td></tr>
<tr><td>2</td><td>剪辑效果</td><td>能够按需求完成任务制作，同时效果美观、完整，具有创新性</td><td>50</td><td></td><td></td><td></td></tr>
<tr><td>3</td><td>沟通交流</td><td>能够和教师、小组成员进行沟通交流，且态度积极、结果有效</td><td>20</td><td></td><td></td><td></td></tr>
<tr><td colspan="3">总分</td><td>100</td><td></td><td></td><td></td></tr>
<tr><td colspan="7">任务反思</td></tr>
<tr><td colspan="7"></td></tr>
</table>

【知识巩固】

一、选择题

1.服化道的准备不包括（　）。

A.服装　　B.化妆　　C.人物

2.人物塑造要点不包括（　）。

A.背景　　B.化妆　　C.性格

3.在被摄对象位置不变的情况下，拍摄设备向前缓缓移动或急速推进的镜头是（　）镜头。

A.推　　B.拉　　C.摇

4.提高主光照射不到的阴影部位的亮度，使暗部也呈现出一定的细节和层次，同时降低影像的明暗对比的光型是（　）。

A.主光　　B.辅光　　C.轮廓光

5.如果需要素材沿路径运动，需要在运动路径上添加（　）。

A.关键帧　　B.时间帧　　C.速度帧

二、判断题

1.次要人物在剧作中所占篇幅与主要人物一样多。（　）

2.“服”即服装，“化”即化妆，“道”即道具与布景。（　）

3.分镜是指将故事情节按照时间先后次序划分为一格一格的小画面，用来指导拍摄、制作和导演等创作人员的工作。（　）

4.拍摄设备沿着水平方向进行左右横移拍摄的镜头是摇镜头。（　）

5.“不透明度”动画效果常用于代替视频转场，用于控制影片在屏幕上的可见度，可以通过设置百分比值来控制不透明的程度。（　）

三、简答题

1.三点式布光是怎么操作的？

2.使用稳定器的技巧有哪些？

项目五

制作产品广告短视频

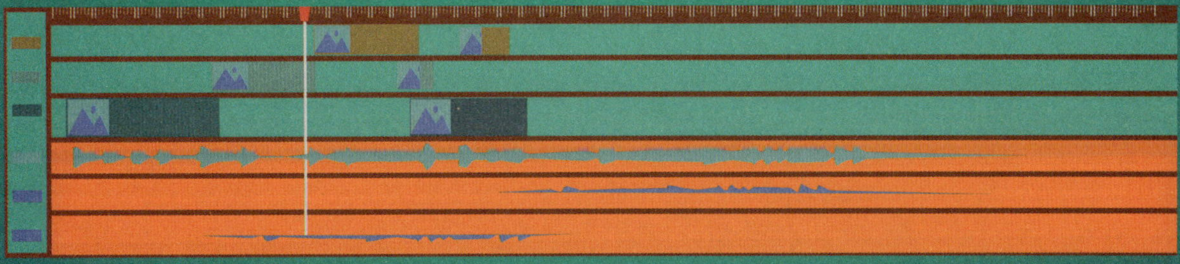

【项目导读】

产品广告短视频的核心是对产品的美化展示和亮点提炼。这类视频中产品就是主体，通过合理的场景布设、色彩搭配、灯光调度、包装来凸显产品优点、强化产品特点、提高观众购买欲、扩大产品受众，从而提升产品销量。

产品广告短视频的特点是时长短、信息密集、内容创意强、互动性强、适应性强、易于传播。由于视频时长有限，内容创作者需要精简提炼产品的突出优势，量身定制产品的专属氛围场景，从而最大化地体现出产品特色。同时，为了保持观众的关注度和吸引力，创作者通常会着重考虑观众的需求和情感，注重创意和内容的质量，才能制作出符合消费者口味的广告内容。

本项目介绍了产品广告短视频的前期策划、中期拍摄及后期制作的技巧，通过对产品场景选择、光线调度、色彩搭配、广告制作技巧等知识点的学习，营造产品氛围感。通过后期的制作、学习、练习，制作出一个完整、质量更好的产品广告短视频。

【学习目标】

素质目标

1. 养成色彩美感和健康向上的审美情趣。
2. 养成良好的工作态度、创新意识、精益求精的工匠精神。

知识目标

1. 了解广告制作、广告策划、广告文案的技巧。
2. 熟悉产品广告短视频拍摄中场景选择、光线选择、色彩选择的技巧。
3. 掌握Premiere软件的视频效果制作方法和视频调色方法。

能力目标

1. 能够根据产品特点设计符合任务要求的拍摄场景、色彩搭配及用光方案。
2. 能够根据任务要求完成产品广告短视频的策划和拍摄。
3. 能够使用Premiere软件制作完整的产品广告短视频。

任务一 策划产品广告短视频

【任务描述】

根据对任务的理解，为蜂蜜广告短视频设计一段广告文案。要求符合产品特色，能够充分展示和凸显产品特点。

【任务分析】

产品广告短视频有一定的制作技巧，合理地应用可以达到事半功倍的效果。视频制作前需要制订一份详细的产品策划，分析产品的优势与劣势，才能迎合特点撰写视频文案，吸引观众。专业性强的广告视频还需要提前布置好拍摄场景，打造更完美的视觉效果。

【知识准备】

一、广告制作

1.广告的定义

广告是一种通过传播媒体向公众传递特定信息的推销手段。它旨在宣传、推广和促销产品、服务或品牌，以引起目标受众的注意，并激发他们的兴趣和购买欲望。广告可以采用各种形式和媒介，包括电视、广播、报纸、杂志、互联网、社交媒体和户外广告等。它通常利用视觉、声音、文字和情感等元素来创造吸引力，并通过精心设计的信息传递方式引导消费者采取行动。

2.产品广告制作技巧

（1）洞察消费者真实需求

为了节省时间和成本，许多企业倾向仓促地完成产品的市场定位，仅花很少的时间对消费者进行初步的研究分析。这种做法没有对消费者购买产品的动机进行深入了解，对产品的长期发展而言显然是不利的。

（2）研究竞争对手情况

对同行进行充分的研究和分析，揭示竞争对手的不足之处，是一种超越竞争对手、打开新局面的方法。若想赢得那些已对竞争对手抱有好感的消费者的信任，深入研究竞争对手是非常必要的。

（3）恰当提到产品名称

在广告内容中合理恰当地提到产品名称，才能在不引起消费者反感的同时使消费者明了介绍内容，从而进一步引起消费者的购买需求。

（4）推广宣传要持续

通常情况下，企业在推出产品广告片的初期未能获得预期效果，便会选择放弃。然而，深入市场推广一种新产品需要坚持不懈的努力，这不仅需要时间，还需具备卓越的广告创意，准确传达产品的优势，并洞察消费者的真正需求。

（5）合理使用媒体组合

能够科学运用媒体组合，也是非常关键的。譬如传统的纸质媒体的作用跟电视媒体的作用相比是不同的，要懂得在有限的宣传经费范围内科学搭配媒体组合。

二、产品策划

产品策划是产品广告拍摄前必要的准备工作，一份好的产品策划包含以下几个方面的内容。

1.市场分析

（1）营销环境分析

营销环境分析常用的方法为SWOT分析法，它是英文Strength（优势）、Weakness（劣势）、Opportunity（机会）、Threat（威胁）的意思。市场上有许多“尚未满足的需求”，它们可能来自宏观或微观环境的变化。消费者需求的多样化和产品寿命周期的缩短，导致旧产品不断被淘汰、新产品不断被开发，以适应消费者的需求，从而创造了市场上的众多机遇。为了撰写出好的产品策划，进行市场调研是非常必要的。

（2）消费者分析

消费者行为的研究包括以下七个方面。购买市场由哪些人组成？（Who）消费者想要购买什么样的产品？（What）消费者购买的动机是什么？（Why）购买的主体是谁？（Who）购买的场所在哪里？（Where）购买的时间是什么时候？（When）购买的方式是什么？（How）通过了解消费者，广告主可以发现他们的需求，找出激发他们需要和兴趣的诉求点，明确这些需求和愿望由哪些环境或刺激产生，以及如何创建这些环境或刺激，从而引导消费者选择特定的产品。

（3）产品分析

产品的特性决定了消费者的购买方式。通过分析产品，广告主可以了解产品所面对的具体环境、自身条件，从而确定在市场上应该采用什么样的市场推广策略，并使产品展现出的主观和客观特征与消费者的需求相匹配。

（4）竞争对手分析

对竞争对手的产品进行分析，了解其特点、功能、定价策略、市场份额等。通过与竞争对手对比，广告主可以评估产品的竞争力和差异化优势。

2.广告策略

（1）广告目标

广告目标是该策划想要达成的目标，包括提高品牌知名度、增强品牌忠诚度、塑造品牌形象和市场地位等。并且最好给出具体的量化指标，例如用户增长率、广告点击率、广告转化率等，这样后期才能对广告的执行效果进行有效的评估反馈。

（2）产品定位

产品的市场定位一般根据产品的本质及特性确定，选择最突出的产品优势作为切入点，以求在消费者心目中留下一个特定的形象和位置。例如按产品差异定位、使用者区别定位、使用形态或时机定位、产品种类定位、产品历史定位等策略。

（3）广告表现

以视频内容展现，可以根据产品特性优势选择不同主题的表现内容。例如通过构建一个有趣、引人入胜的故事情节来吸引观众的注意力。故事情节可以围绕产品的使用场景、用户的故事或品牌的核心价值观展开，以情节的发展和高潮的设置来引发观众的情感共鸣和兴趣。也可以使用幽默和喜剧元素来制作搞笑的广告视频。幽默可以通过滑稽的情节、搞笑的对话或意想不到的转折来创造，以引起观众的笑声和积极情绪，从而增加广告的记忆度和共享度。还可以通过触动观众的情感引发共鸣来传递广告信息。

（4）广告媒介

目前常见的广告媒介不仅包括报纸、杂志、广播、电视等传统媒体，以及社交平台、直播等移动互联网媒体，还包括电梯、地铁车厢、站台等形式。媒介策略的关键，就是要把握各种媒介载体中常见广告形式的特点和优势，进行针对性设计。

三、广告文案

1.特点

（1）元素多样，表现力丰富

视频广告文案主要由对话、画外音、字幕、广告语等构成。这些元素增强了视频的表达能力。对话是指视频中角色之间的交流。

（2）精准表达能力强

广告文案与画面两者为一个有机整体，向受众传递一个完整的信息。视频广告质量较高，广告文案品质也需要保持较高的水平。但画面具有歧义性，因此，广告文案需要通过对话、画外音、字幕等明确表达核心思想，让消费者更为清晰地知晓广告信息。

（3）感染力强

消费者虽然会被美好的视频画面和优美的音频吸引，但是能够给消费者留下深刻印象的还是其中蕴含和表达的情感、故事及观点。一份优秀的广告文案可以牵引消费者情绪，具有很强的感染力。

（4）形象塑造能力强

由于广告文案的文字精确度，它能够准确地传达出产品形象和品牌形象的深层含义，创造出一个具有特定特征、风格、情感的形象，从而影响消费者的认知和情感。

2.写作技巧

（1）认真撰写脚本

视频广告文案的撰写，通常是在分镜头脚本的基础上进行的。文字需要契合画面进行阐述，以达到统一的效果。分镜头脚本主要由八个部分组成：镜号、景别、镜头、时长、画面内容、备注、音效、文案。

（2）使用修辞手法

为了增强广告文案的影响力，可以运用多种修辞技巧，如排比、对比、对偶、拟人、拟物等。排比是视频广告文案中常见的一种手法。它通过统一的文案格式，使得观众更容易接受信息，同时每个句子都在推动观点的发展。这种稳定的文字格式会产生一种独特的美感，而观点的持续推进则赋予排比一种趣味性。

（3）使用网络语言

网络语言已经发展为一种独特的语言形式，其开放性、娱乐性和变化性都非常强，这使得它成为年轻人非常喜欢的一种表达方式。对于那些以年轻人为目标市场的广告传播，采用这种表达方式是非常有效的。

（4）提升理念内涵

文案要触动人心，通常需要具有丰富的理念内涵，不能仅停留在一般叙述功能上，而是要对关联的理念和思想进行挖掘，从而引发消费者的深层触动。

四、拍摄环境

拍摄环境的布置需要参考产品的材料、外观和颜色，使拍摄产品与环境相得益彰，更好地展现产品的特点和品质。

1. 产品材料

不同材料制成的产品的工艺不同。有很多产品，材料是这些产品最大的卖点，这些材料或优质、或环保、或健康，都需展示给用户，如图5-1-1所示。而且产品的材料会影响产品拍摄最终的质感、光泽度和颜色等视觉效果。例如，金属材质的产品通常具有高光泽度和强烈的反光效果，而木质或布质的产品则具有自然、温暖的质感。因此，在拍摄产品时，我们需要根据产品的材料选择合适的拍摄环境，以展现出产品最真实、最吸引人的一面。

图5-1-1　产品材料

2. 产品外观

在拍摄产品时，仔细观察产品的外观是非常关键的。产品的外观包括其形状、颜色、纹理和细节等，这些都会影响到产品摄影的效果，如图5-1-2所示。例如，一个产品可能有独特的形状或设计元素，这些都需要在摄影中突出。有些产品的外观比较中性，可以匹配各种场景。但有些产品的外观是特殊的，场景的选择就需要反复考究。观察产品的外观，根据外观匹配合适的场景。这样，画面才会看起来和谐，不会显得突兀。

3. 产品颜色

在选择背景颜色和摆设道具时，需要考虑产品的颜色，避免让道具抢走画面的焦点，也要避免背景颜色与产品颜色过于匹配，淹没了产品的主体，如图5-1-3所示。产品的颜色不仅会影响产品的视觉表现，还能传达出产品的品牌形象和设计理念。例如，鲜艳的颜色可能会给人一种活力和创新的感觉，而深色或中性色则可能给人一种稳重和高级的印象。因此，在选择背景和道具时，应该尽量选择能够突出产品、形成明暗对比的元素，以便突出产品并吸引消费者的注意力。

图5-1-2　产品外观

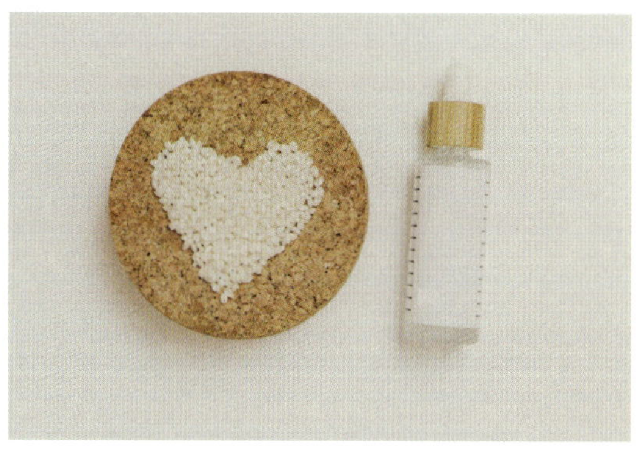

图5-1-3　产品颜色

【任务实施】

步骤一： 制作蜂蜜产品策划方案

1. 市场分析

（1）环境分析

蜂蜜市场虽然在发展，但是市场地位相对偏弱。因此，我们需要从各个方面进行改进，提升品牌的市场地位。我们可以考虑以下策略：① 合理定价。通过对蜂蜜市场的了解可以发现，消费者大多会以价格作为选择的首要条件。因此，我们可以在这个方面下功夫，合理定价，不仅要考虑成本因素，还要考虑市场需求。② 市场推广。在市场推广方面，可以运用多种渠道来进行推广。首先可以通过网络推广的方式，发布品牌信息，同时可以考虑在各大网站开设平台，让消费者方便购买。另外，在线下推广方面，可以借助商超、超市、专卖店等销售渠道，提升品牌知名度。③ 蜂蜜质量。市场上有许多工业蜂蜜的存在，但是这样的蜂蜜经过加工以后里面的营养物质极少，滋补身体的效果不大。我们可以以天然蜂蜜作为宣传点，产品里面含有维生素、活性酶、氨基酸、矿物质、微量元素等180多种人体可以直接吸收的营养物质，比工业蜂蜜的营养价值高得多。

（2）消费者分析

蜂蜜产品主要面向老年人和年轻人。老年人注重健康和养生，是蜂蜜这种天然食品的主要消费者。年轻人接受度高，且随着亚健康的人群越来越多，对健康产品的关注度也越来越高，也成为蜂蜜的一大受众群体。

（3）产品分析

蜂蜜的风味和色泽都不相同，因为蜜蜂在收集花蜜的时候会受到环境影响，从而影响蜂蜜的味道和口感。自家产品优势在于环境好，蜜源植物为药材，蜂源为中蜂，各项指标达到国家一级蜂蜜的标准。

（4）竞争对手分析

中国是蜂产品生产大国，出口种类多样，其中蜂蜜是主要出口蜂产品之一。据联合国粮食及农业组织（FAO）统计，中国蜂蜜出口量多年位居世界首位，近些年来蜂蜜出口额也有较大幅度的增长。但是，受抗生素药物残留超标、掺假产品等质量安全事件影响，中国蜂蜜在国际市场上的声誉受到一定影响。

2.广告策略

（1）广告目标

提高品牌知名度和认知度；增加销售额，提高品牌市场占有率；建立良好的品牌口碑和形象，吸引更多潜在消费者。

（2）产品定位

按产品差异定位，蜂蜜来自金佛山，金佛山有5000多种药用植物，其中蜜源植物有2000多种，常用中药包括芸香科的野黄柏、吴茱萸，伞形科的当归、独活、川防风、柴胡，漆树科的盐肤木。金佛山中蜂采蜜，中蜂是一个优良的品种，它适应性强，抗病能力强，繁殖性能高。蜂农会进行二次分蜜，蜂蜜的浓度和纯度很高。

（3）广告表现

以视频内容展现，展现蜂蜜产地环境及产品质量（色泽、质地）。

（4）广告媒介

可以通过网络推广的方式发布品牌信息，同时可以考虑在各大网站开设平台，让消费者方便购买。另外，在线下推广方面，可以借助商超、超市、专卖店等销售渠道，提升品牌知名度。

步骤二：撰写视频文案

金山原蜜，来自国家级自然保护区金佛山。金山原蜜，蜜享安康。

步骤三：设计拍摄场景

蜂蜜作为具有流动性的金黄色液体，可以装在玻璃质感的瓶子里或用蜂蜜棒导入流下。配色考虑浅色，突出蜂蜜的色泽和质感，多采用特写，打造蜂蜜流动的感觉。

步骤四：撰写分镜头脚本

蜂蜜广告分镜头脚本见表5-1-1。

表5-1-1　蜂蜜广告分镜头脚本

<table>
<tr><th>镜号</th><th>景别</th><th>镜头</th><th>时长</th><th>画面内容</th><th>配音</th><th>音乐</th><th>备注</th></tr>
<tr><td>1</td><td>近景</td><td>固定</td><td>2秒</td><td>山上瀑布边摇曳的药草花</td><td></td><td rowspan="6">舒缓的音乐</td><td></td></tr>
<tr><td>2</td><td>特写</td><td>固定</td><td>2秒</td><td>蜜蜂在药草花上采蜜</td><td>金山原蜜</td><td></td></tr>
<tr><td>3</td><td>近景</td><td>固定</td><td>4秒</td><td>蜂农把蜂巢箱取出来</td><td>源自国家级自然保护区金佛山</td><td></td></tr>
<tr><td>4</td><td>特写</td><td>固定</td><td>4秒</td><td>蜜蜂在蜂巢箱上爬动</td><td></td><td></td></tr>
<tr><td>5</td><td>近景</td><td>跟</td><td>3秒</td><td>蜂农把蜜刮下来</td><td>金山原蜜</td><td></td></tr>
<tr><td>6</td><td>特写</td><td>固定</td><td>4秒</td><td>成品蜜沿着蜂蜜棒缓缓流下</td><td>蜜享安康</td><td></td></tr>
</table>

【任务评价与反思】

<table>
<tr><td colspan="7">任务评价</td></tr>
<tr><td rowspan="2">序号</td><td rowspan="2">评价内容</td><td rowspan="2">评价标准</td><td rowspan="2">配分</td><td colspan="3">评分记录</td></tr>
<tr><td>学生互评</td><td>组间互评</td><td>教师评价</td></tr>
<tr><td>1</td><td>产品策划</td><td>能够完成产品策划，要求产品特点清晰，要素齐全</td><td>40</td><td></td><td></td><td></td></tr>
<tr><td>2</td><td>文案写作</td><td>能够完成文案写作，要求表达精准，感染力强</td><td>25</td><td></td><td></td><td></td></tr>
<tr><td>3</td><td>分镜撰写</td><td>能够完成分镜头设计，要求元素清晰，镜头切换自然</td><td>25</td><td></td><td></td><td></td></tr>
<tr><td>4</td><td>沟通交流</td><td>能够和教师、小组成员进行沟通交流，且态度积极、结果有效</td><td>10</td><td></td><td></td><td></td></tr>
<tr><td colspan="3">总分</td><td>100</td><td></td><td></td><td></td></tr>
<tr><td colspan="7">任务反思</td></tr>
<tr><td colspan="7"></td></tr>
</table>

任务二　拍摄产品广告短视频

【任务描述】

根据对任务的理解，为蜂蜜广告短视频拍摄镜头，设计拍摄的光线调度，包含光线的类型、强弱、角度等。要求光线设计合理，能够充分展示和凸显产品特点。

【任务分析】

光线和色彩在产品广告短视频拍摄中是非常重要的元素。有光就有色彩，适当的光线和色彩可以烘托广告短视频的气氛，让广告短视频充满电影的感觉。

【知识准备】

一、光线

1. 光线的类型

（1）按光线本身分类

根据光线本身分类，分为硬光和柔光。硬光，亦称直射光，指的是直接照射的强烈光线，如图5-2-1所示。太阳是最为明显且最容易获得的硬光源。在人像拍摄中，硬光效果通常不被青睐，会导致人物面部出现昏暗的阴影和凸显皮肤瑕疵等。在视频中硬光常用于营造恐怖、严肃或神秘的氛围。

图5-2-1　硬光下的拍摄画面

柔光，亦称非直射光，指的是经过折射、反射和散射后形成的光线，它的特点是温和柔软。柔光源常使人脸更加柔和，当光线环绕着轮廓和形态时，很少产生显著的阴影。在视频中运用柔光传达一种温暖、友善或浪漫的感觉。

（2）按光线作用分类

根据光线作用分类，分为主光和辅光，常用于布光。主光和辅光之间强度的比例称为光比，即画面中被摄主体主要受光面亮度与阴影面亮度的比值。光比对照片的反差起着重要作用。

主光，指在拍摄画面中起主要作用的光线，占据画面大部分空间。辅光，指在拍摄画面中起辅助、次要作用的光线，占据画面较小部分，但却起到重要作用。

（3）按光线位置分类

根据光源与被摄主体和摄像机水平方向的相对位置，可以将光线分为顺光、侧光、逆光三种基本类型；而根据三者纵向的相对位置（指光照方向与地平线的高低角度），又可分为顶光、俯射光、平射光及仰射光四种光线。

① 顺光。当摄像机和光源位于同一方向，正对被摄主体时，被摄主体朝向镜头的一面可以获得充足的光线，从而使得被摄主体轮廓更加清晰，如图5-2-2所示。根据光线的角度不同，顺光分为正顺光和侧顺光。

正顺光是指直接沿着镜头的方向照射到被摄主体上的光线。当光源和摄像机位于同一高度时，面向摄像机镜头的部分可以完全接收到光线，使其没有任何阴影。使用这种光线拍摄的影像，主体的对比度会降低，缺乏立体感。

侧顺光是指从摄像机左侧或右侧侧面射向被摄主体的光线。侧顺光是在拍摄过程中的一种理想光线，使用单光源摄像时效果更佳。通常建议使用25°～45°侧顺光进行照明，即摄像机与被摄主体之间的连线和光源与被摄主体之间的连线形成25°～45°的夹角。此时，面对摄像机的被摄主体部分受光，并出现部分投影。这种光线能够更好地展现人物的面部表情和皮肤质感，同时保证了被摄主体的亮度和明暗对比，使其更具立体感。

② 侧光。摄像机与被摄主体位于同一方向，光源在其侧面，光线从侧方照射到被摄主体，如图5-2-3所示。此时，被摄主体正面一半受到光线的照射，产生修长的影子和明显的投影，具有较强的立体感。但由于明暗对比强烈，侧光不适合表现具有细腻质感的主体。

图5-2-2 顺光　　图5-2-3 侧光

③ 逆光。摄像机与光源相对，光线照射在被摄主体的正背面或侧后方，如图5-2-4所示。逆光光线变化多且反差大，被摄主体的大部分处于阴影中，具有较强的表现力。在拍摄前进行测光和曝光，可以呈现更好的视觉效果，有利于表现透视、立体感和空间感。

④ 顶光。摄像机与被摄主体处于同一方向，光源位于被摄主体的正上方，如图5-2-5所示。顶光通常突出人或物上半部的轮廓，将主体与背景隔离开。但是，由于光线从上方照射在主体的顶部，会使主体显得过于平面化，缺乏立体感和层次感，色彩效果不佳，因此这种光线很少被运用。特别是在人像拍摄中，正午的顶光会使人物的鼻子下方和眼袋下面出现很重的阴影。

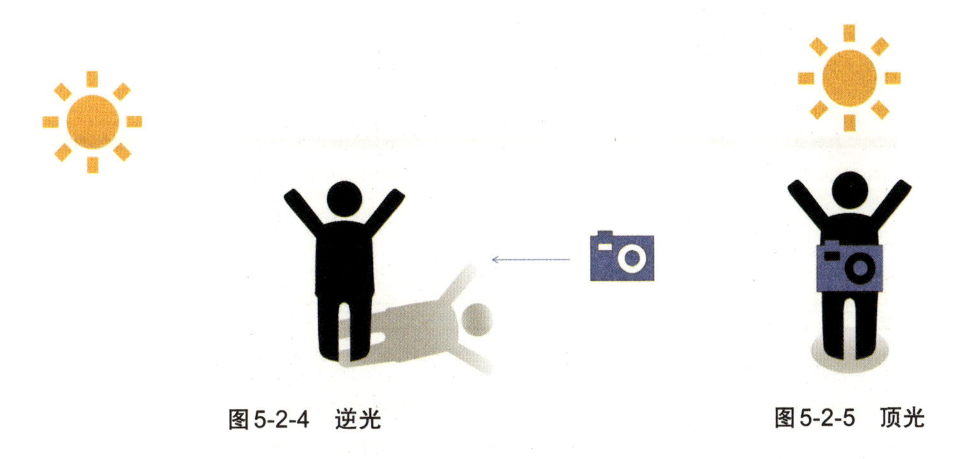

图5-2-4 逆光　　图5-2-5 顶光

⑤ 俯射光。摄像机与被摄主体处于同一方向，光源在稍微高于主体和地面成30°～45°角的位置，如图5-2-6所示。俯射光不仅可以为被摄主体正面提供足够的光照，还增强了立体感，同时不会形成过于明显的阴影。

⑥ 仰射光。摄像机与被摄主体处于同一方向，光源置于主体之下向上照射，如图5-2-7所示。仰射光可以制造一种阴森恐怖的效果，刻画反面人物的阴险可憎。

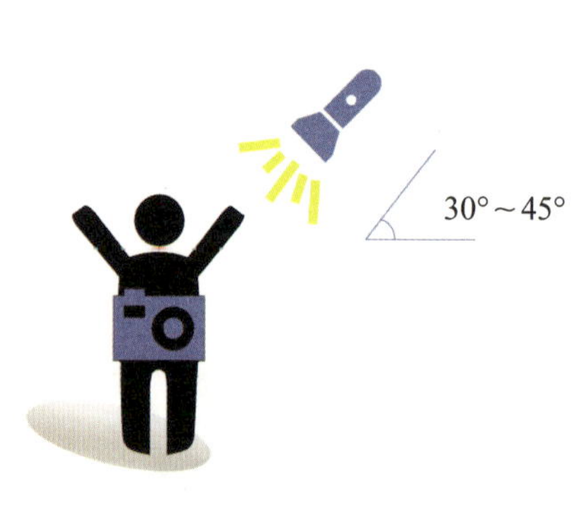

图5-2-6　俯射光

图5-2-7　仰射光

2.光线的特性

光线具有三大特性：光强、光质、方向。特性的不同决定了光的不同，也就决定了摄影效果的不同。光的方向在上一知识点详细介绍，此处不再另作介绍。

（1）光的强度

光的强度就是光的照射强度，光线的强度越高，被摄主体就越明亮，其表面的色彩、纹理等细节就越清晰。光强与光源能量和拍摄距离有关，光源的能量越高，距离光源越近，光的强度也越高，被摄主体越明亮。例如，当拍摄时光源的亮度变为原来的2倍时，或当拍摄镜头与光源的距离变为原来的1/4时，光线的强度就变为原来的2倍。

光线的强度还会随着季节和时间等因素而发生变化。一年中的春季和夏季，光线的强度相对较强；而在秋季和冬季，光线的强度则相对较弱。一天中的中午时分，光线会比较强烈；而在早上和晚上，光线则相对较暗。如图5-2-8所示。

图5-2-8　强光下的拍摄画面

（2）光的色温

光的色温是指与光源的色温相等或相近的完全辐射体的绝对温度，光线在不同温度下表现出不同的光线颜色，计量单位用开尔文（K）来表示。图5-2-9为不同光线对应的不同色温值。

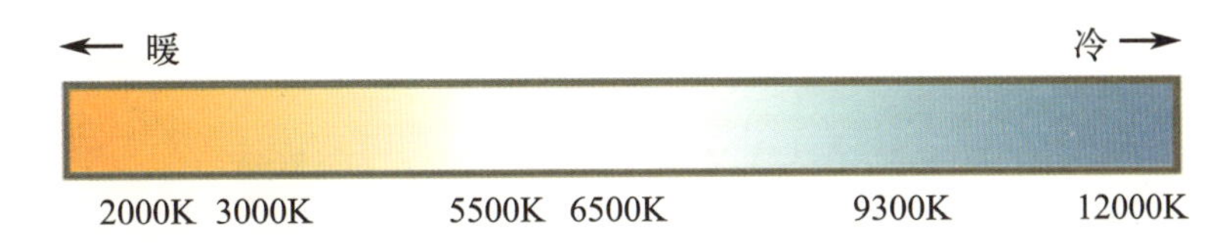

色温参考表1（日光）	
日光	色温
晴天	12000K
阴天	8000K
多云	6500K
正午的阳光	5300K
日出后两小时	4500K
日出后一小时	3500K
日出、日落	2000K

色温参考表2（人造光）	
光源	色温
荧光灯：日光	6500K (JIS 5700~7100K)
荧光灯：白昼白	5000K (JIS 4600~5400K)
荧光灯：白色	4200K (JIS 3900~4500K)
荧光灯：暖白	3500K (JIS 3200~3700K)
荧光灯：柔和白	3000K (JIS 2600~3150K)
白炽灯	3000K
烛光	2000K

图5-2-9　不同光线对应的不同色温值

不同色温的光线会表现出不同的颜色，给观众以不同的情绪感受，如图5-2-10所示。不同色温的光可以分为三种类型：暖色光、暖白光和冷色光。

1000K
2000K
2500K
3200K
3300K
3400K
3500K
4500K
4000K
5000K
5500K
5600K
6000K
7000K
8000K
9000K
10000K
20000K

图5-2-10　不同色温的光线会表现出不同的颜色

暖色光的色温在3300K以下，这时光线中红橙光较多，给人以温暖、活力和舒适的感觉，常用于拍摄黄昏、日出等场景。如图5-2-11所示。

暖白光的色温在3300～5300K之间，这时的光线纯洁明亮，给人以愉快、积极的感觉。

冷色光的色温在5300K以上，这时光线中蓝色光较多，给人以清爽、冷静的感觉，常用于拍摄一些冷静、沉稳的场景。如图5-2-12所示。

图5-2-11　暖色光下的拍摄画面

图5-2-12　冷色光下的拍摄画面

二、色彩

1.色彩的三大属性

（1）色相

色相是指各种颜色的相貌，是色彩的基本属性之一。每一种色相都代表一种颜色，例如红色、黄色、蓝色等。通常以太阳光谱的几种标准色作为参考，这些标准色就是几种不同的色相。如图5-2-13所示。

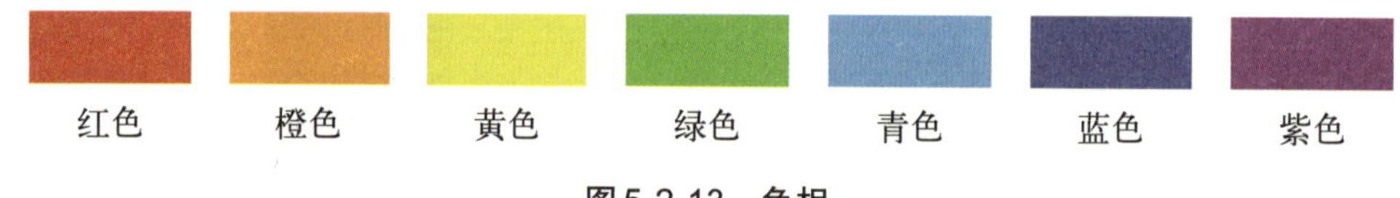

图5-2-13　色相

不同的色相可以用来传达不同的信息，表达不同的情感。例如，红色通常代表热情、力量和爱情，可以用来吸引观众的注意力，如图5-2-14所示。而蓝色通常与冷静、稳定和安全相关联，可以传达出一种冷静和平静的感觉，如图5-2-15所示。

图5-2-14　红色为主的画面

图5-2-15　蓝色为主的画面

色相环是一种圆形排列的色相光谱，它按照光谱在自然中出现的顺序来排列各种颜色。红、绿、蓝是色相环的基础颜色，是三原色。把三原色放在三等份上，将相邻两色等量混合多次，可得到24色相环，如图5-2-16所示。24色相环的相邻色相间距为15°。

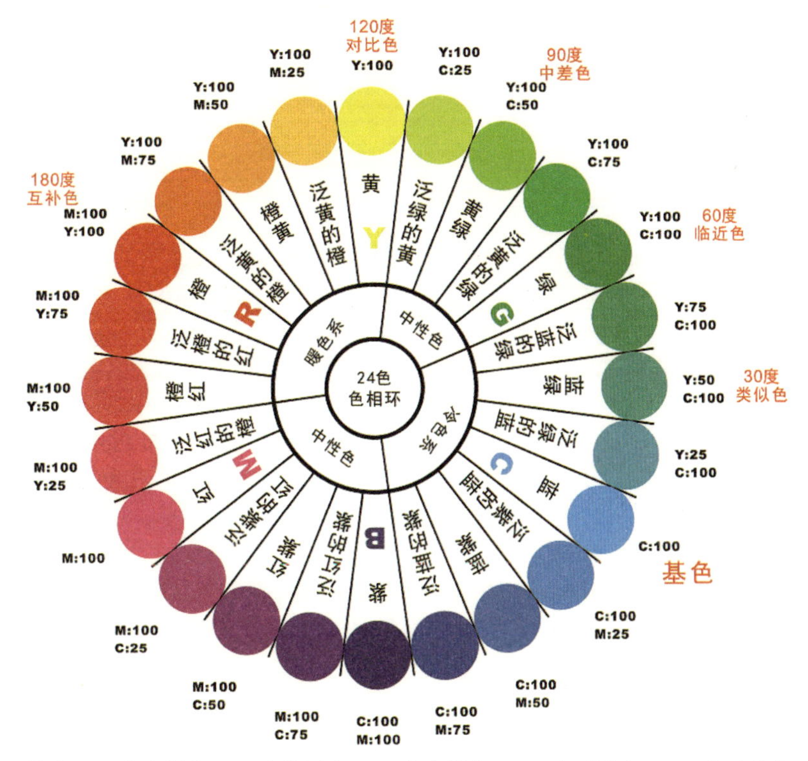

基色　30度类似色　60度临近色　90度中差色　120度对比色　180度互补色

图5-2-16　24色相环

拍摄中，一个画面常蕴含着多种色相，需要考虑其中的搭配，常见的配色有互补色、对比色、邻近色、类似色和同类色。

互补色是指色相环中相隔180°的任意两色。互补色的色相对比最为强烈，画面相较于对比色更丰富、更具有感官刺激性。如图5-2-17所示。

图5-2-17　互补色

对比色是指色相环中相隔120°～150°的任意两色。对比色搭配是色相的强对比，效果鲜明、饱满，给人以兴奋、激动的感觉。如图5-2-18所示。

邻近色是指色相环中相隔60°～90°的任意两色。邻近色对比属于色相的中对比，可保持画面的统一感，又能使画面显得丰富、活泼。如图5-2-19所示。

图5-2-18　对比色

图5-2-19　邻近色

类似色是指色相环中90°角内相邻接的任意两色。类似色由于色相对比不强，可以产生柔和协调的感觉，呈现柔和质感。如图5-2-20所示。

同类色是指色相环中相隔15°以内的任意两色。同类色色彩差别很小，常给人单纯、统一、稳定的感受。两者都是色相对比不强的搭配，使用时按需选择。

（2）纯度

纯度指色彩的纯净程度，表示颜色中所含有色成分的比例。含有色彩成分的比例愈大，则色彩的纯度愈高；含有色成分的比例愈小，则色彩的纯度也愈低。如图5-2-21所示。

图5-2-20　类似色

图5-2-21　高纯度的画面

纯度的运用起着决定画面吸引力的作用。纯度越高，色彩越鲜明、生动、醒目，具有较强的视觉冲击力和冲突性；纯度越低，色彩越朴素、典雅、安静和温和。因此常用高纯度的色彩作为突出主题的色彩，用低纯度的色彩作为衬托主题的色彩，也就是以高纯度的色彩做主色，低纯度的色彩做辅色。

（3）明度

明度指色彩的明亮程度，即颜色的深浅、明暗变化。如图5-2-22所示。

同一色相有不同明度，如同一颜色在强光照射下显得明亮，而在弱光照射下显得较灰暗模糊，如图5-2-23所示。各种色相有着不同明度，如黄色明度最高，蓝、紫色明度最低，红、绿色为中间明度。

图5-2-22　高明度的画面

图5-2-23　同一色相的不同明度

2. 色彩的感觉

（1）色彩联想

当人们感受到色彩的时候，会凭借其阅历和生活体验联想到具体的事物或抽象的概念。一般幼年多是“具象联想”，看到红色就会想到苹果、太阳、火、血等。随着年龄的增长，“抽象联想”不断提升，看到红色可能会感受到热情、喜气、温暖、勇敢和革命等。色彩联想见表5-2-1。

表5-2-1　色彩联想

色别	具象联想	抽象联想
白	雾、白兔、砂糖、雪	清洁、圣洁、清楚、纯洁、洁白、纯真、神秘
灰	阴天、混凝土、阴雨	阴郁、绝望、忧郁、荒废、沉默
黑	煤、夜、头发、墨	死亡、刚健、悲哀、坚实、严肃、冷淡、阴郁
红	苹果、太阳、红旗、血、口红	热情、革命、危险、热烈、鄙俗
橙	橘子、柚子、橙子、肉汁、砖	焦躁、温情、甘美、喜欢、华美
褐	土、树干、巧克力、栗子	雅致、古朴、沉静、素雅、坚实
黄	香蕉、向日葵、菜花、月、雏鸟	明快、泼辣、希望、光明、活泼
绿	树叶、山、草、草坪、嫩叶	青春、和平、跃动、希望、公平、理想
蓝	天空、海洋、水、湖	无限、永恒、理智、冷淡、平静、悠久
紫	葡萄、桔梗花、茄子、紫藤	高尚、古朴、优雅、高贵、优美

（2）色彩象征

不同的色彩有不同的性格特征，也象征各种情绪。任何事物都有两面性，色彩也不例外，色彩象征分为积极象征和消极象征。色彩象征见表5-2-2。

表5-2-2　色彩象征

色别	积极象征	消极象征
白	纯洁、洁白、诚实、无私、神圣	缅怀、悲哀、惨淡、死亡、空虚
灰	平静、朴实、淡泊、谦虚、和谐	沉闷、平凡、中庸、消极、平淡
黑	力量、严肃、永恒、毅力、意志	哀悼、黑暗、恐惧、罪恶、吞噬
红	热情、喜庆、吉祥、兴奋、革命	敬畏、危险、残酷、血腥、伤害
橙	光明、华丽、富裕、成熟、甜蜜	冲动、傲慢、焦躁
黄	光明、纯真、活泼、轻松、高贵	蔑视、诱惑、任性
绿	和平、生命、希望、青春、舒适	平庸、嫉妒、刻薄
蓝	理智、深邃、博大、永恒、真理	保守、冷酷、漠视、忧伤、内向
紫	高贵、祥瑞、虔诚、神秘、庄重	压抑、傲慢、哀悼

（3）色彩的心理效应

色彩的直接心理效应来自色彩的物理光刺激对人的生理产生的直接影响。自19世纪中叶以后，心理学家已经从哲学转入科学范畴，更注重实验所验证的色彩心理学。心理学家对此曾做过许多实验，他们发现，在红色的环境中人的脉搏会加快，血压有所上升，情绪兴奋冲动。而处在蓝色的环境中脉搏会减缓，情绪也比较沉静。有的科学家发现，颜色能刺激脑电波，脑电波对红色反应是警觉，对蓝色反应是放松。

不少色彩理论中对此都作过专门介绍，这些经验明确地肯定了色彩对人心理的影响。冷色和暖色是依据心理错觉对色彩的物理性分类，对于色彩的视觉印象大致由冷暖两个色系产生。波长长的红色光、橙色光和黄色光，本身具有暖和感，因此光照射到任何色都会有暖和感。相反，波长短的紫色光、蓝色光、绿色光，有寒冷的感觉。夏日，当关掉屋内的白炽灯，打开日光灯，会有一种变凉爽的感觉。冬日把卧室窗帘换成暖色，就会增加室内的暖和感。颜料也是如此，在冷食或是冷饮的包装上使用冷色，视觉上就会引起人们对这些食物冰冷的感觉。

以上的冷暖感觉，并非来自物理上的真实温度，而是和人们的视觉与心理联想有关。总的来说，人们在日常生活中既需要暖色又需要冷色，在色彩的表现上也是如此。

冷色与暖色除了给人们温度上的不同感受外，还会带来一些其他感受如重量感、湿度感等。比方说，暖色偏重，冷色较轻；暖色有浓重的感觉，冷色有稀薄的感觉。两者相比较，冷色的透明感更强，暖色的透明感则较弱；冷色显得湿润，暖色显得干燥；冷色有很远的感觉，暖色则具有迫近感。由于暖色有前进感，冷色有后退感，在狭窄的空间中若想显得宽敞，应该使用明亮的冷调。而如果在狭长的空间中远处两壁涂以暖色，近处两壁涂以冷色，空间感就会从心理上更接近方形。

除去冷暖色系具有明显的心理区别外，色彩的明度和纯度也会引起色彩视觉印象的错觉。一般来说，颜色的重量感主要取决于色彩的明度，暗色给人重的感觉，亮色给人轻的感觉。纯度和明度变化还给人以色彩软硬的印象，如淡的色彩使人觉得柔软，暗的纯色则有刚硬的感觉。

【任务实施】

步骤一：工作人员详细阅读脚本，了解画面内容和涉及的场景。

步骤二：根据脚本准备相关的拍摄辅助道具，布置恰当的拍摄环境与灯光氛围。通过摄像机调整画面构图。

步骤三：根据脚本拍摄广告视频。

注意事项：① 广告拍摄的每个镜头都尽量提前录制5～10秒，结束后也延长录制5～10秒时间，以充分保证视频完整性。

② 合理规划拍摄一些转场镜头，可让视频衔接更有联系性和故事性。

③ 拍摄时应考虑不同景别画面的搭配，不能是同一种景别的单一镜头。

【任务评价与反思】

任务评价						
序号	评价内容	评价标准	配分	评分记录		
				学生互评	组间互评	教师评价
1	拍摄工作	能够依据脚本完成视频拍摄，且操作熟练、规范	30			
2	拍摄效果	能够按需求完成任务制作，同时画质、音效清晰，光线、色彩设置合理，视频素材完整	50			
3	沟通交流	能够和教师、小组成员进行沟通交流，且态度积极、结果有效	20			
总分			100			
任务反思						

任务三 剪辑产品广告短视频

【任务描述】

根据对任务的理解，使用多个视频效果编辑图像，制作蜂蜜广告短视频。要求能够了解并简单应用各类视频效果。

【任务分析】

产品广告短视频制作时可以适当添加视频效果，并进行调色，让画面更统一，内容更丰富。

【知识准备】

一、视频效果

在影视制作的后期过程中，为视频添加相应的效果可以弥补拍摄过程中的画面缺陷，使影视作品更加完美和出色。同时，借助视频效果，还可以完成许多现实生活中无法实现的特技场景。

1. 添加视频效果

在Premiere软件中，可以为同一段素材添加一个或多个视频效果，也可以为视频中的某一部分添加视频效果。添加视频效果的方法为：在“效果”面板中，单击“视频效果”左侧的折叠按钮，如图5-3-1所示。选择某个效果类型下的一种视频效果，将其拖放到视频轨道中需要添加效果的素材上，此时素材对应的“效果控件”面板上会自动添加该视频效果的选项。图5-3-2是添加了“百叶窗”效果后的“效果控件”面板。

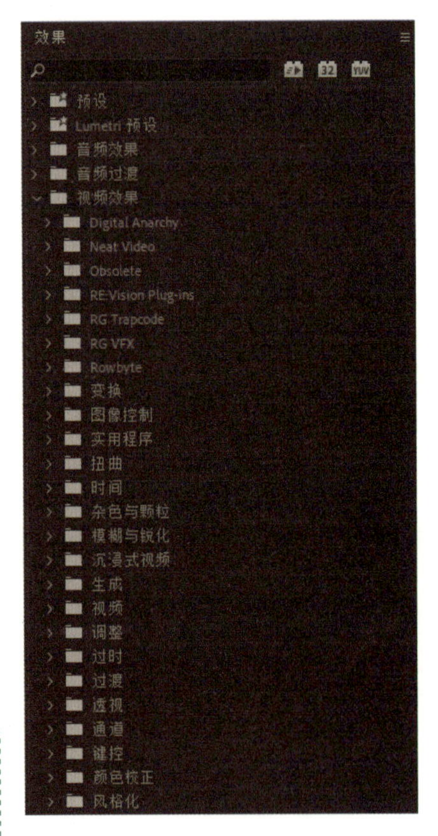

图5-3-1
单击“视频效果”左侧的折叠按钮

> **提示：**
>
> 先选择轨道上的素材，然后直接把需要的视频效果拖放到“效果控件”面板，也可以为该素材添加视频效果。

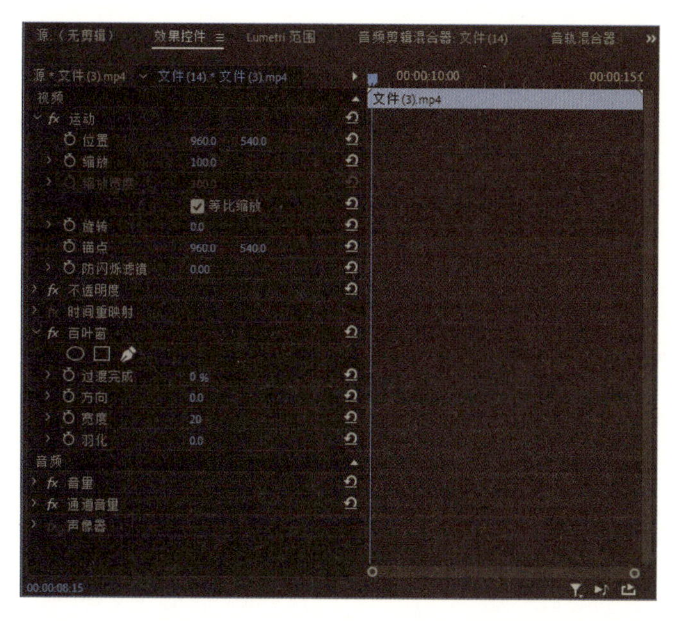

图 5-3-2　添加了“百叶窗”效果后的“效果控件”面板

2. 为效果创建蒙版

在“效果控件”面板中，通过创建蒙版，可以限定视频效果的作用范围，视频效果只会影响蒙版区域以内的画面内容。在“效果控件”面板中效果名称下，选择添加蒙版按钮中的一种形式，然后调整“位置”“羽化”等参数即可添加蒙版。图 5-3-3 所示是对应用了“百叶窗”效果的素材添加椭圆形蒙版后的显示效果。

图 5-3-3　“百叶窗”效果蒙版

3. 删除视频效果

要删除视频效果，可以采用以下两种方法。① 在“效果控件”面板选中需要删除的视频效果，按 Delete 键或 Backspace 键。② 右击需要删除的视频效果，选择“清除”命令。

4. 复制和移动视频效果

在“效果控件”面板选中设置好的视频效果，使用“编辑”菜单中的“复制”“剪切”

和“粘贴”命令，可以复制或移动视频效果到其他素材上。

5. 设置效果关键帧

单击效果选项前面的“切换动画”按钮，可以在当前时间指针位置添加一个效果关键帧，然后拖动时间指针位置，修改效果选项的参数，系统会自动将修改添加为关键帧。要删除已添加的效果关键帧，可以选中关键帧后按Delete键，或者右击该关键帧选择“清除”命令。

二、视频调色

调色是对视频画面颜色和亮度等相关属性的调整，使其能够表现某种感觉或意境，或者对画面中的偏色进行校正，以满足制作上的需求。在视频处理中调色是一个相当重要的环节，其结果甚至可以决定影片的画面基调。

1.“Lumetri颜色”面板

打开视频素材，切换至“颜色”工作区，将该视频素材拖曳到“时间轴”面板中，激活“Lumetri范围”和“Lumetri颜色”面板。“Lumetri颜色”面板中包含“基本校正”“创意”“曲线”“色轮和匹配”“HSL辅助”“晕影”六个板块，如图5-3-4所示。

2.“Lumetri范围”面板

“Lumetri范围”面板主要用于显示素材的颜色范围，如图5-3-5所示。

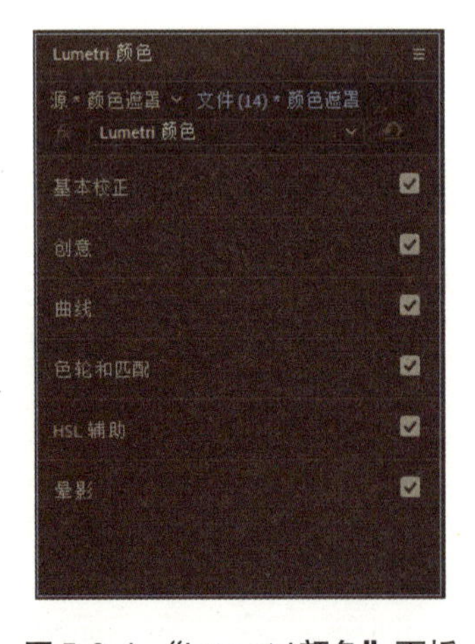

图5-3-4 “Lumetri颜色”面板

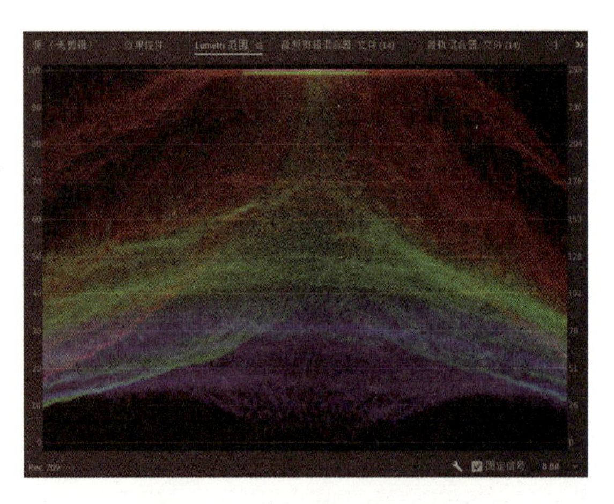

图5-3-5 “Lumetri范围”面板

矢量示波器HLS：在“Lumetri范围”面板中右击可调出，显示“色相”“饱和度”“亮度”和“信号”信息，如图5-3-6所示。

矢量示波器YUV：以圆形的方式显示视频的色度信息，如图5-3-7所示。

直方图：显示每个颜色的强度级别上像素的密集程度，有利于评估阴影、中间调和高光，从而整体调整图像色调，如图5-3-8所示。

分量（RGB）：显示数字视频信号中的明亮度和色差通道级别的波形。可在“分量类型”中选择RGB/YUV/RGB白色和YUV白色，如图5-3-9所示。

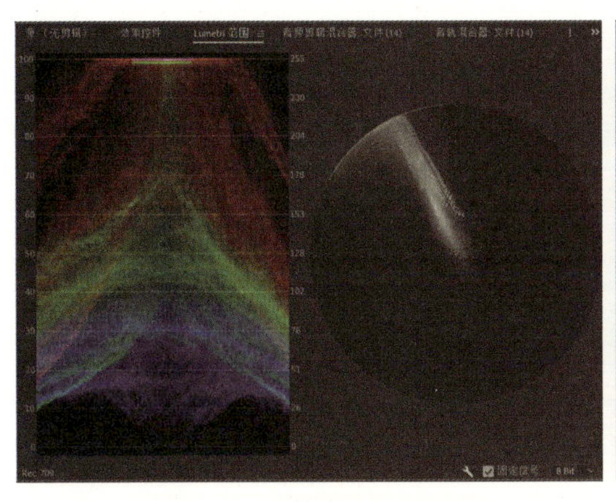

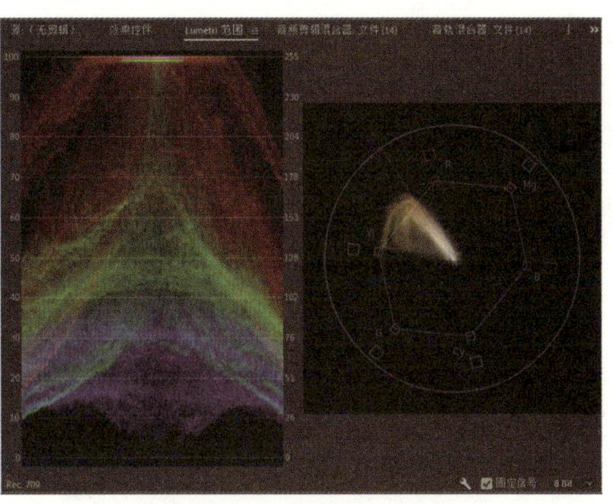

图5-3-6　矢量示波器HLS

图5-3-7　矢量示波器YUV

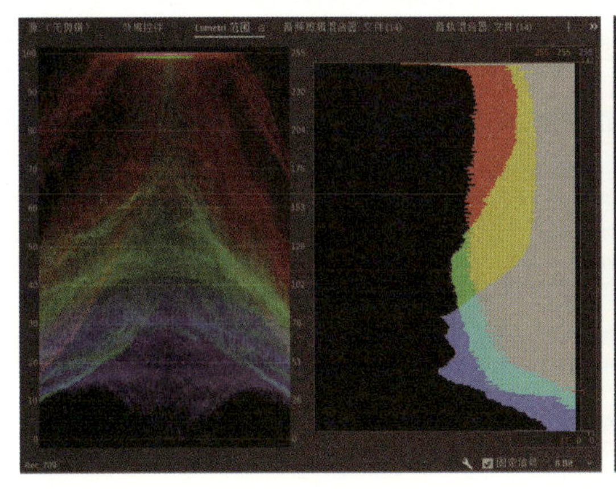

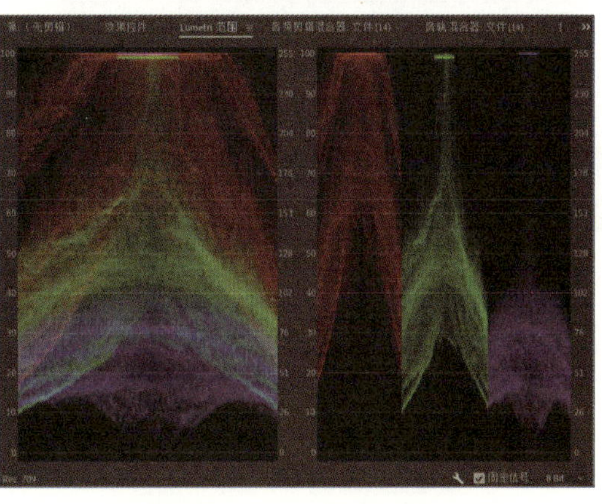

图5-3-8　直方图

图5-3-9　分量（RGB）

3. 基本校正

“基本校正”参数可以调整视频素材的色相（颜色和色度）及明亮度（曝光度和对比度），从而修正过暗或过亮的素材。

（1）输入LUT

使用LUT（Look-Up Table）预设可以作为起点对素材进行分段，后续可以使用其他颜色控件进一步分级，如图5-3-10所示。

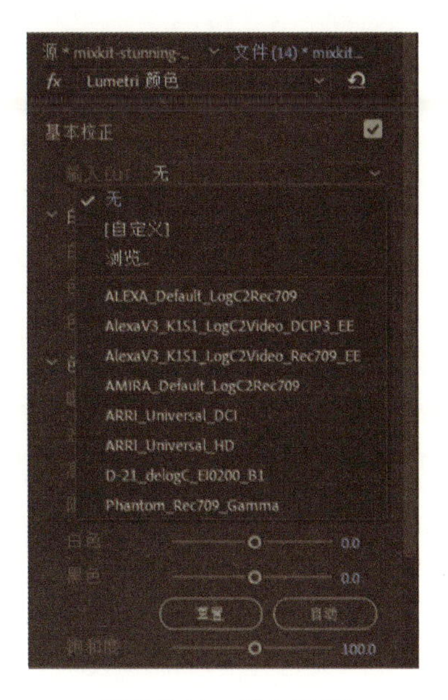

图5-3-10　输入LUT

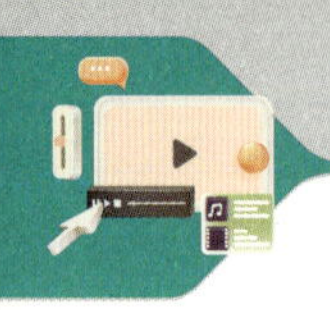

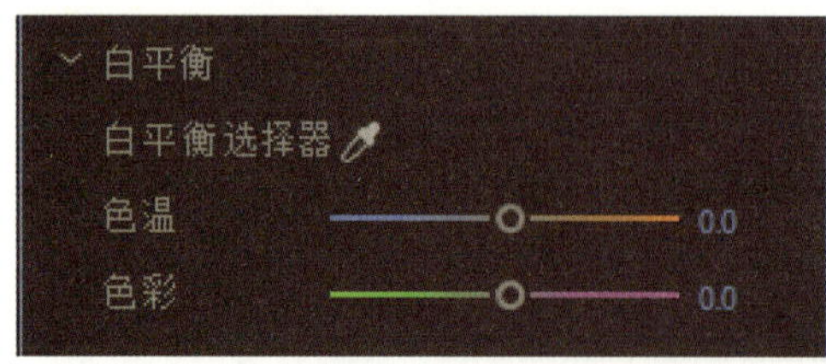

图5-3-11 白平衡

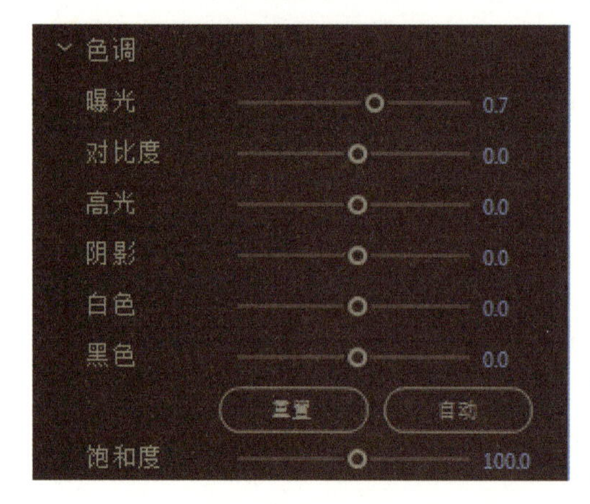

图5-3-12 色调

（2）白平衡

通过“色温”滑块和“色彩”滑块或“白平衡选择器”可以调整白平衡，从而改进素材的环境色，如图5-3-11所示。

白平衡选择器：选择“吸管工具”，单击画面中本身应该属于白色的区域，从而自动调整白平衡，使画面呈现正确的白平衡关系。

色温：滑块向左（负值）移动可使素材画面偏冷，向右（正值）移动可使素材画面偏暖。

色彩：滑块向左（负值）移动可为素材画面添加绿色，向右（正值）移动可为素材画面添加洋红色。

（3）色调

“色调”参数用于调整素材画面的大体色彩倾向，如图5-3-12所示。

曝光：滑块向左（负值）移动可减小色调值并扩展阴影，向右（正值）移动可增大色调值并扩展高光。

对比度：滑块向左（负值）移动可使中间调到暗区变得更暗，向右（正值）移动可使中间调到亮区变得更亮。

高光：调整亮域，向左（负值）移动可使高光变暗，向右（正值）移动可在最小化修剪的同时使高光变亮。

阴影：向左（负值）移动可在最小化修剪的同时使阴影变暗，向右（正值）移动可使阴影变亮并恢复阴影细节。

白色：调整高光，向左（负值）移动可以减少高光，向右（正值）移动可以增加高光。

黑色：向左（负值）移动可增加黑色范围，使阴影更偏向纯黑；向右（正值）移动可减小阴影范围。

重置：可使所有数值还原为初始值。

自动：可自动设置素材图像为最大化色调等级，即最小化高光和阴影。

（4）饱和度

“饱和度”参数可均匀调整素材图像中所有颜色的饱和度。向左（0～100）移动可降低整体饱和度，向右（100～200）移动可提高整体饱和度。

4.创意

“创意”面板中部分控件可以进一步拓展调色功能，另外，也可以使用Look预设对素材图像进行快速调色，如图5-3-13所示。

（1）Look

用户可以快速调用Look预设，其效果类似添加滤镜。单击Look预览窗口的左右箭头可以快速依次切换Look预设进行预览。

（2）调整

淡化胶片：使素材图像呈现淡化的效果，可调整出怀旧的风格。

锐化：调整素材图像边缘清晰度。向左（负值）移动可降低素材图像边缘清晰度，向右（正值）移动可提高素材图像边缘清晰度。

5. 曲线

“曲线”面板用于对视频素材进行颜色调整，有许多更加高级的控件，可对亮度以及红、绿、蓝色像素进行调整。如图5-3-14所示。

除了“RGB曲线”控件外，“曲线”面板还包括“色相饱和度曲线”控件，其可以精确控制颜色的饱和度，同时不会产生太大的色偏，如图5-3-15所示。

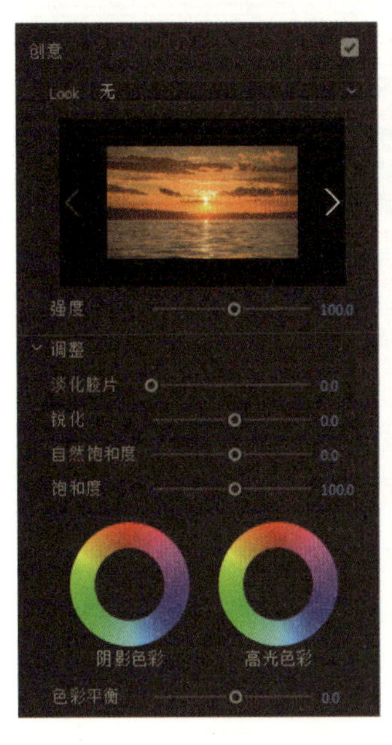

图5-3-13　“创意”面板

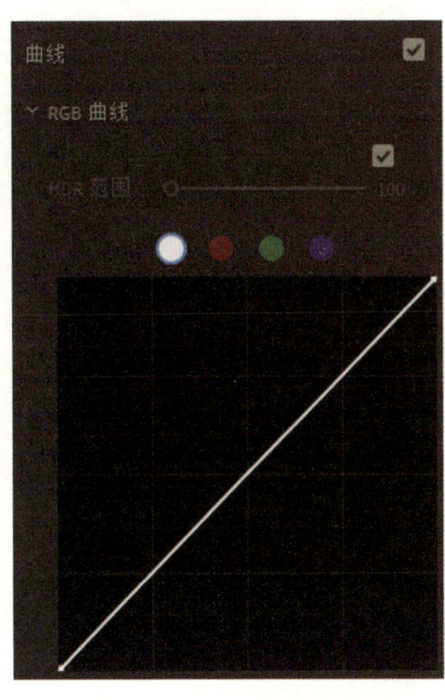

图5-3-14　“曲线”面板

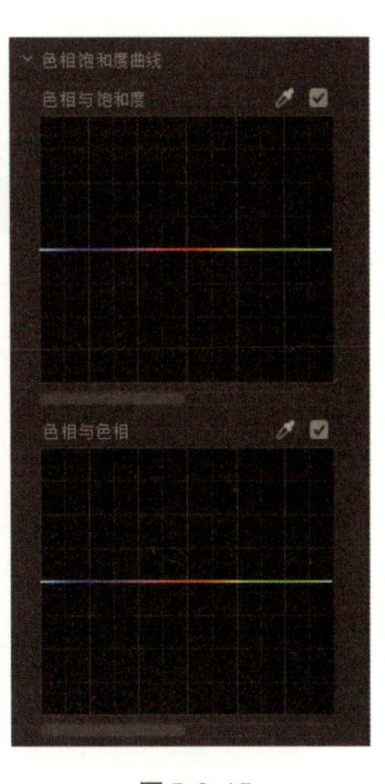

图5-3-15　“色相饱和度曲线”控件

6. 快速颜色校正器/RGB颜色校正器

（1）快速颜色校正器

在“效果”面板中找到“过时”效果，双击“快速颜色校正器”效果或将其拖曳到素材上，如图5-3-16所示。在左上方的“效果控件”面板中找到“快速颜色校正器”选项，如图5-3-17所示。

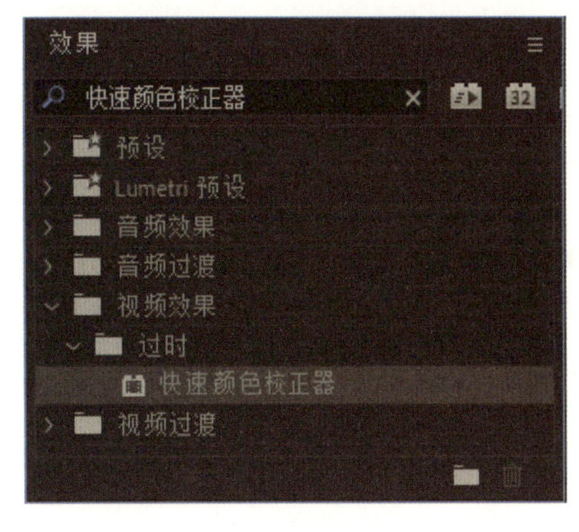

图5-3-16　“快速颜色校正器”效果

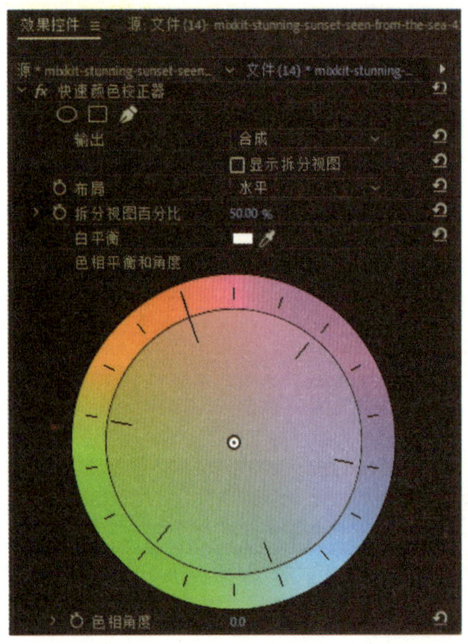

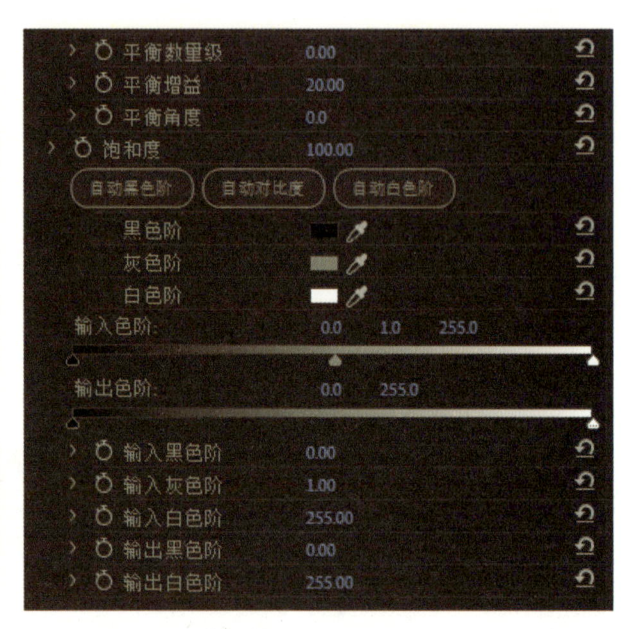

图5-3-17 “效果控件”面板中“快速颜色校正器”

白平衡：使用“吸管工具”调节白平衡，按住Ctrl键或Command键可以选取5像素×5像素范围内的平均颜色。

色相角度：可以拖曳色环外圈改变图像色相，也可单击蓝色数字修改数值，还可将光标悬停至蓝色数字附近，待出现箭头时，长按鼠标左键左右拖曳调整数值。

平衡数量级：将色环中心处的圆圈拖曳至色环上的某一颜色区域，即可改变图像的色相和色调。

平衡增益：平衡增益是对平衡数量级的控制。将黄色方块向色环外圈拖曳可提高平衡数量级的强度。越靠近色环外圈，效果越强。

平衡角度：将色环划分为若干份

饱和度：色彩的鲜艳程度。饱和度的值为0，则图像为灰色。

输入色阶/输出色阶：控制输入或输出的范围。输入色阶是图像原本的亮度范围。将左边的黑色滑块向右移动，则阴影部分压暗；将右边的白色滑块向左移动则高光部分提亮；中间的滑块则可对中间调进行调整。输入色阶与输出色阶的极值是相对应的。在输出色阶中，由于计算机屏幕上显示的是RGB图像，所以数值为0～255。若输出的为YUV图像，则数值为16～235。

（2）RGB颜色校正器

“RGB颜色校正器”面板如图5-3-18所示。

灰度系数：即图像灰度。灰度系数越大，则图像黑白差别越小，对比度越低，图像呈现灰色；灰度系数越小，则图像黑白差别越大，对比度越高，图像明暗对比强烈。

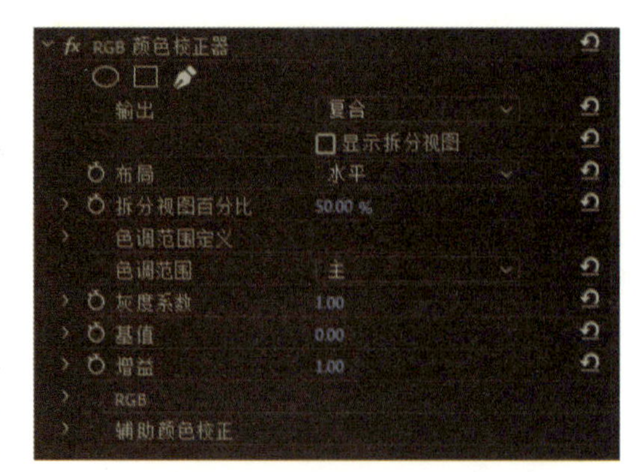

图5-3-18 “RGB颜色校正器”面板

基值：视频剪辑中RGB的基本值。

增益：基值的增量。例如，在蓝色调的剪辑中蓝色的基值是100，增益是10，最后结果为110。

为了在调整“RGB颜色校正器”的同时也能看到RGB分量，可在“Lumetri范围”面板中右击，在弹出的快捷菜单中选择“分量类型＞RGB”选项，然后将“Lumetri范围”面板拖曳至下方窗口进行合并。

（3）RGB曲线

以“主要”曲线为例，曲线左下方代表暗场，将端点向上移动可使图像暗部提亮；曲线右上方代表亮场，将端点向下移动可使图像亮部压暗，如图5-3-19所示。创作者可在曲线上的任意一处（除两端处）单击添加锚点，进行分段调整。

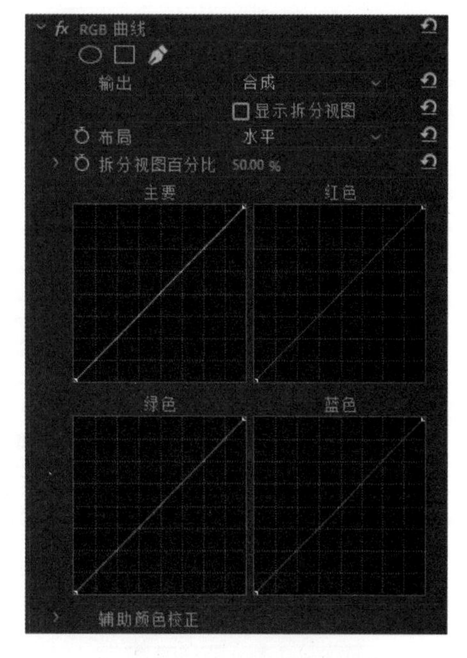

图5-3-19　“RGB曲线”面板

【任务实施】

步骤一：新建项目

启动Adobe Premiere Pro CC 2022软件，弹出“开始”欢迎界面，单击“新建项目”按钮，弹出“新建项目”对话框，在“位置”选项中选择文件保存的路径，在“名称”文本框中输入文件名“蜂蜜广告”，如图5-3-20所示。单击“确定”按钮，完成创建。

剪辑“蜂蜜广告”短视频

选择“文件＞新建＞序列”命令，弹出“新建序列”对话框，在“设置”选项中选择相应参数，在“名称”文本框中输入文件名“蜂蜜广告”，如图5-3-21所示。单击“确定”按钮，完成创建。

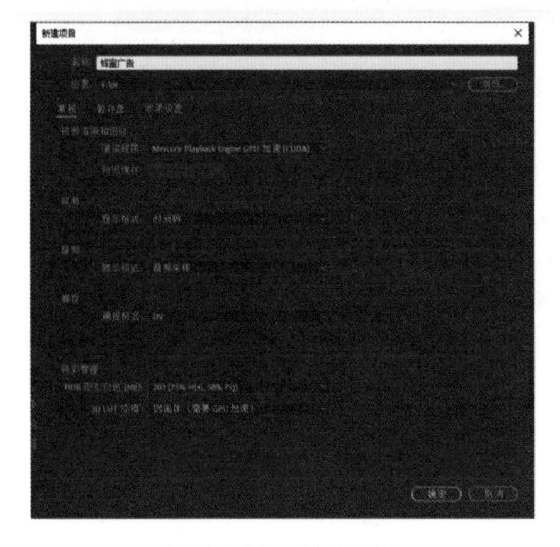

图5-3-20　新建项目

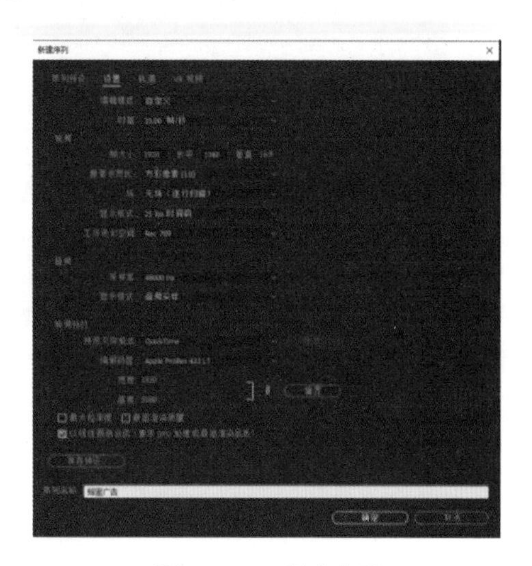

图5-3-21　新建序列

步骤二：导入素材进行镜头组接

1.导入素材

选择“文件>导入”命令，弹出“导入”对话框，选择云盘中的“C:\Users\HP\Desktop\产品广告短视频\文件（1）……文件（6）”，单击“打开”按钮，将视频文件导入“项目”面板中，如图5-3-22所示。

图5-3-22　导入素材

2.镜头组接

将“项目”面板中的文件（1）至文件（6）拖拽到“时间轴”面板中的“视频1”轨道中，按顺序进行组接，如图5-3-23所示。

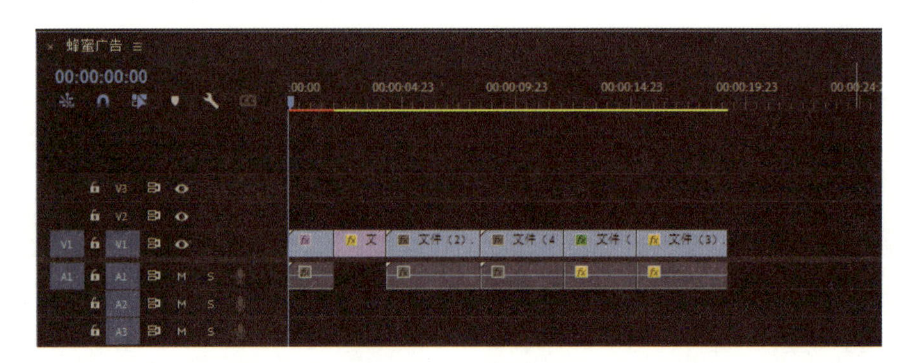

图5-3-23　镜头组接

步骤三：添加视频效果

在“效果”面板中搜索“镜头光晕”特效，将“镜头光晕”特效拖拽到“时间轴”面板的“文件（1）”文件的开始，如图5-3-24所示。

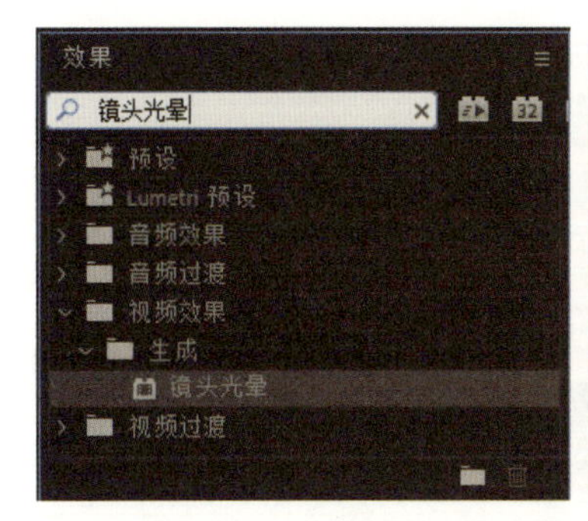

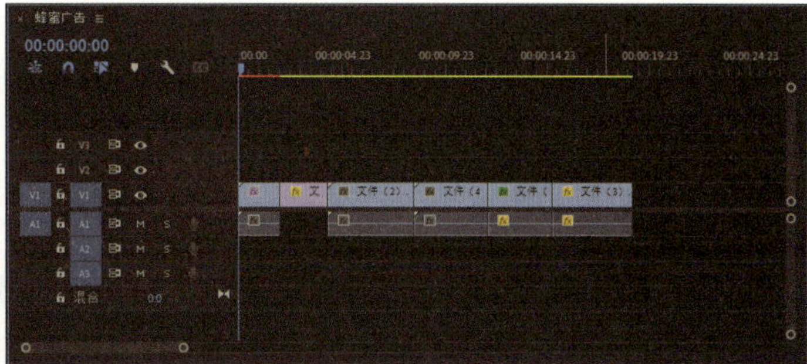

图5-3-24　添加“镜头光晕”特效

在“效果控件”面板中设置效果参数，单击效果选项前面的“切换动画”按钮，在00:00:00:01位置添加一个“光晕中心”效果关键帧，如图5-3-25所示。然后拖动时间指针位置到00:00:01:16位置，修改“光晕中心”效果选项的参数，系统会自动将修改添加为关键帧，如图5-3-26所示。

图5-3-25　添加“光晕中心”效果起始关键帧

图5-3-26　添加“光晕中心”效果结束关键帧

步骤四：视频片段调色

“文件（1）”与“文件（2）”存在轻微色差，为了统一色调，对“文件（1）”进行调

色。在“时间轴”面板右键单击“文件（1）”，选择“Lumetri颜色”面板，进入调色界面，设置“基本校正”里“白平衡”和“色调”参数，如图5-3-27所示。

步骤五： 添加音频

将时间标签放置在00:00:00:00的位置，将“项目”面板中的“音频”文件拖拽到“时间轴”面板的“音频2”轨道中，如图5-3-28所示。

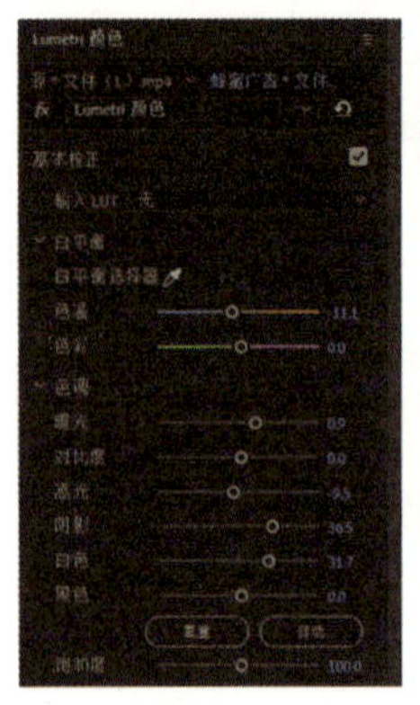

图5-3-27　视频调色

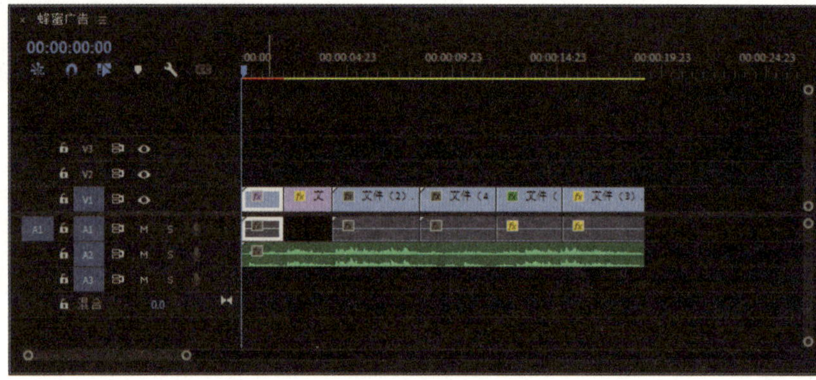

图5-3-28　添加音频

步骤六： 添加字幕

将时间标签放置在00:00:02:01的位置，按T键切换“文字工具”，在“节目”窗口底部居中的位置创建文字，文字为“金山原蜜”。将时间标签放置在00:00:04:08的位置，将鼠标放置在图片结尾处，当鼠标指针呈 状态单击，选取编辑点。按E键，将所选编辑点扩展到播放指示器的位置，如图5-3-29所示。依次将其他字幕添加至相应位置。

步骤七： 导出视频

选择“文件＞导出＞媒体”命令，弹出“导出设置”对话框，具体的设置如图5-3-30所示。单击“导出”按钮，导出视频文件。

图5-3-29　添加字幕

图5-3-30　导出视频

【任务评价与反思】

<table>
<tr><td colspan="7">任务评价</td></tr>
<tr><td rowspan="2">序号</td><td rowspan="2">评价内容</td><td rowspan="2">评价标准</td><td rowspan="2">配分</td><td colspan="3">评分记录</td></tr>
<tr><td>学生互评</td><td>组间互评</td><td>教师评价</td></tr>
<tr><td>1</td><td>剪辑过程</td><td>能够依据脚本和拍摄素材进行短视频剪辑，且操作熟练、规范</td><td>30</td><td></td><td></td><td></td></tr>
<tr><td>2</td><td>剪辑效果</td><td>能够按需求完成任务制作，同时效果美观、完整，具有创新性</td><td>50</td><td></td><td></td><td></td></tr>
<tr><td>3</td><td>沟通交流</td><td>能够和教师、小组成员进行沟通交流，且态度积极、结果有效</td><td>20</td><td></td><td></td><td></td></tr>
<tr><td colspan="3">总分</td><td>100</td><td></td><td></td><td></td></tr>
<tr><td colspan="7">任务反思</td></tr>
<tr><td colspan="7"></td></tr>
</table>

【知识巩固】

一、选择题

1. 以下（　）不是产品广告制作技巧。
   A. 洞察消费真实需求　　B. 研究竞争对手情况　　C. 做付费广告
2. 市场分析范畴不包括以下（　）。
   A. 消费者　　B. 市场规划　　C. 竞争对手
3. 以下（　）不是色彩的三大属性。
   A. 明度　　B. 纯度　　C. 立体感
4. 白平衡中的“色彩”滑块向左（负值）移动可为素材画面添加（　）颜色。
   A. 绿色　　B. 红色　　C. 蓝色
5. 相机与被摄主体处于同一方向，光源位于被摄主体的正上方的光线是（　）。
   A. 顶光　　B. 侧光　　C. 逆光

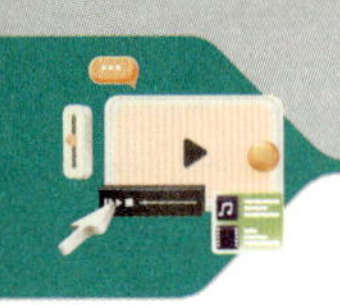

二、判断题

1. 广告是一种通过传播媒体向公众传递特定信息的推销手段。(　　)
2. 恰当地提到产品的名称是广告制作技巧之一。(　　)
3. 视频文案具有元素单一、表现力简单的特点。(　　)
4. 硬光指的是经过折射、反射和散射后形成的光线。(　　)
5. 在Premiere软件中，同一段素材只能添加一个视频效果。(　　)

三、简答题

1. 产品策划的主要内容有哪些?
2. 色相环中的色彩搭配有哪些?

项目六

发布与推广短视频

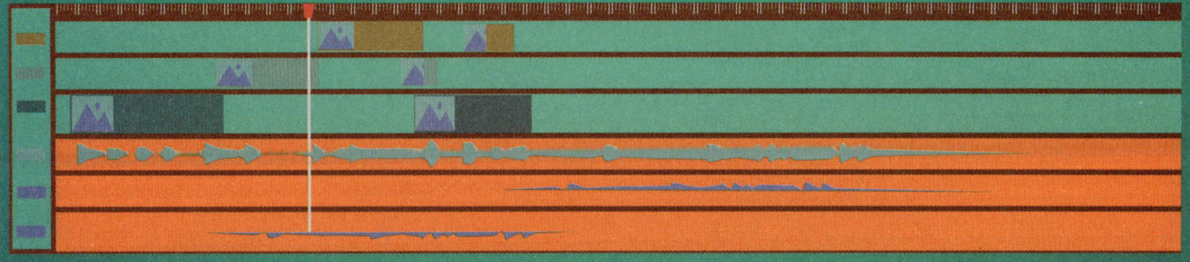

【项目导读】

在互联网快速发展的现在，线上营销已经成为营销推广的主流形式，所以流量的获取变得更加重要。如今流量都在往短视频方向发展，比如抖音、快手、小红书、腾讯直播等，越来越多的企业都开始发展自身的短视频营销平台。本项目内容紧紧围绕短视频发布与推广来安排，将丰富的理论知识融入学习任务，学生通过完成项目任务达到学习知识和训练技能的目的，同时培养学生的积极创新与价值观。

【学习目标】

素质目标

1. 养成创新意识和勇于探索的精神。
2. 养成良好的工作态度、创新意识、精益求精的工匠精神。

知识目标

1. 了解短视频发布渠道、短视频数据分析平台。
2. 熟悉短视频推广技巧。
3. 掌握短视频账号的属性、短视频与用户之间互动的特点，以及短视频标签、话题和标题的设置方法。

能力目标

1. 能够选择合适的渠道发布和推广短视频。
2. 能够根据短视频账号的属性正确设置短视频标签、话题和标题。
3. 能够通过互动提升短视频用户活跃度。
4. 能够利用短视频平台正确分析短视频数据和监控短视频推广效果。

任务一

前期运营短视频

【任务描述】

根据对任务的理解，选择合适的短视频渠道，并发布已经拍摄制作完成的短视频，设计提升用户活跃度的项目。要求账号属性完整明确，视频内容符合账号定位，并获得一定的用户活跃度。

【任务分析】

短视频在前期运营过程中需要选择合适的渠道，完善账号属性，并积极与用户互动，以增加账号活跃度。只有做好这些工作，短视频才能在最短时间内打入新媒体营销市场，迅速吸引粉丝，进而获得知名度。

【知识准备】

一、选择合适的渠道

1. 抖音

口号："记录美好生活"。

用户属性：年轻、时尚、颜值、小资情调，用户大多分布在一、二线城市。

内容特点：音乐、颜值、萌宠、美食、生活、知识等。

变现方式：小黄车、抖音小店、平台活动、广告、直播流量分成。

未来发展：目前开通了抖音小店，鼓励商家认证企业号，商业变现的方式越来越完善，市场有下沉的趋势。日活6亿，流量大但竞争也比较激烈。

2. 快手

口号："拥抱每一种生活"。

用户属性：专注下沉市场，用户大多分布在三、四线城市。

内容特点：搞笑、无厘头、生活分享、好物推荐等。

变现方式：直播流量分成、广告、电商等。

未来发展：目前专注三、四线城市的用户，进入的门槛比较低，对内容质量的包容度比较高。

3.B站

口号："哔哩哔哩（ ゜- ゜）つロ 干杯～"。

用户属性：90后、00后、二次元、泛二次元文化社区。

内容特点：二次元、娱乐、知识、鬼畜、测评等。

变现方式：广告、UP主激励计划。

未来发展：有自己的商城，但仍以二次元文化为主，内容比较垂直，用户的黏性要远高于前两个视频平台，号召力很强。

4. 微信视频号

口号："记录真实的生活"。

用户属性：基本涵盖微信生态中所有的用户。

内容特点：高价值或者高共鸣，目前比较火的账号就是情感类型的账号。

变现方式：广告、私域沉淀、小程序变现等。

未来发展：基于社交的推荐，有比较强的社交关系，比较关心后续功能的完善和发展。

5. 好看视频

口号："轻松有收获"。

用户属性：寻找知识的用户，比较年轻，喜欢用百度搜索的用户。

内容特点：试图在短视频单纯娱乐消遣的感官刺激之外寻求理性价值与内容价值，为短视频内容寻找一个新的价值定义。

变现方式：广告、私域引流、好看商铺等。

未来发展：泛知识领域创作者的温床，因为内容价值较高同时基于搜索推荐，所以流量相对来说比较精准。

6. 小红书

口号："标记我的生活"。

用户属性：70%以上的用户都是90后，90%的用户都是女性，而且大部分的用户来自一、二线城市。

内容特点：美妆护肤、美食分享、时尚穿搭、旅游推荐和减肥瘦身等强推荐性质的内容。

变现方式：广告、私域引流等。

未来发展：小红书强大的内容分享属性，使其成为消费者产生购物需求、选择品牌与商品、分享商品使用情况的高信任度对象，同时也成为KOL（Key Opinion Leader，关键意见领袖）天然的推荐平台。

二、完善账号属性

1. 账号定位

账号定位就是确定账号的内容输出方向，内容定位决定了创作者的粉丝群体，粉丝群体决定了账号的变现能力，内容做得越细，粉丝越精准，变现能力就越强。

对于企业来说，可以根据自家产品特征，把内容汇集成视频形式，直接发布在短视频平台上。但每一个平台都有其本身的用户属性特征，可以对平台进行调研，观察哪种类型的短视频内容会更受平台的推荐机制以及用户的喜爱。一般来说，用户观看短视频通常是为了放松以及无聊的时候打发时间，所以大部分的网络红人前期基本靠发布一些诙谐娱乐的视频积累首批粉丝。

企业在策划内容方向上，可以添加一些娱乐有趣的元素，内容切忌表现得过于呆板。本身短视频的一个最大的优势就在于可以更好、更生动地展现出产品特点以及场景化的用户需求痛点，情感更丰沛，信息传递效率更高，对于用户长期的兴趣培养和最终转化的激发都更沉浸、自然。

如果是个人自媒体做短视频账号，可以根据本身性格选择内容的定位。比如现实中比较活泼，那在内容方向上就可以制作搞笑有趣的视频；或者平时对电影比较感兴趣，可以做影视领域的视频，把自己看到的一些好看的片段剪辑后分享出来。尽量根据自身的优势条件选择内容方向，因为这样能够更加契合生动地将自然的内容给展示给用户。

2. 内容创作

短视频平台的内容基本可以分为这几大类：图文类、真人出镜类、文字+语音、动画+语音、Vlog记录生活。但不论是哪一类，原创和新奇元素最重要。现在很多平台都在推出创作者激励计划，其目的就是让广大创作者生产更多的原创内容到平台，同时也可以去分析竞品账号，去研究对方的视频内容是怎么制作的。

确定好自己的内容方向之后，在制作内容和运营账号时有以下几个内容方向需要注意。

垂直细分：确定好内容方向之后就深耕这个领域，不要今天发一个电影剪辑，明天发一个美食制作。这样即使涨粉，过来的也都是泛粉，对后期变现没有任何意义，相反还会将账号定义成一个泛领域号。

价值体现：任何视频都要回归到内容的本质上，内容要对用户产生价值，比如教会某种技能或提供某种情感连接。如果内容对用户毫无价值，即使运营到最好，也只是镜花水月。

差异化：视频可以对标一些账号来确定自己的内容，但不要完全仿照，一定要有自己的想法和元素，有让用户感受到新奇的地方，从而使用户留下深刻印象。

持续性：在开始运营之后，不要中途断更，要保持账号的定期更新。建议在前期可以多准备一些库存素材，以便后面有足够的内容补缺。

3. 创作团队

个人运营账号，在账号的内容和操作上可以完全根据个人想法，不会出现团队运营的分歧。但可能面临资源和能力的限制，难以同时处理多项事务。

团队运营账号，通常分为运营者、创作者、数据分析师、社交媒体管理者等，分工明确。优势在于能够整合多个角度和专业领域的意见和见解，提供更多维度的思考和创意。劣势在于团队运营需要更多的沟通和协调，确保团队成员之间的顺畅合作；在意见和观点上可能存在分歧，这可能会导致冲突和延迟决策。

4. 拍摄工具

一般制作视频需要准备的工具就是灯、手机支架、拍摄设备、麦克风等。在拍摄设备上，前期可以直接用手机进行拍摄，不需要专门的摄像机。创作者应将重心投入在内容创作上，因为即使设备足够专业，内容质量不够专业，还是无法达到用户留存的目的。

5. 变现

变现是最重要的一个环节，不管是个人还是企业，所有的账号运营大部分都是为了变现而开始的。而目前平台能够直接变现的方式一般分为以下几种。

（1）接推广

接推广是指个人或企业接受商业推广活动，以通过其影响力、知名度或资源来推广特定产品、服务或品牌。在接推广过程中，个人或企业可以与广告主或推广方达成合作协议，通过各种方式向其受众推广产品或服务，以获得经济报酬或其他形式的合作回报。短视频平台上一般等账号累积了一定粉丝之后会有一个推广页面，创作者可以自行在上面接单，然后将发布的视频内容里面嵌入推广链接，引导用户去下载。

（2）直播打赏

直播打赏是指观众在观看直播内容的过程中，通过向主播或直播平台提供经济支持或虚拟货币，表达对主播的赞赏、鼓励或感谢的行为。观众可以通过直播平台提供的打赏功能，选择合适的金额或虚拟礼物进行打赏。这些打赏行为的目的是奖励主播的努力和表达对其内容的认可与支持。

（3）直播带货

直播带货是指在直播平台上，主播通过直播形式展示、介绍、推荐和销售产品，与观众进行互动，引导观众进行购买的商业行为。通过直播帮助商家销售产品，然后自己从中赚取佣金。大体量账号一般都会有品牌方主动找上来进行合作卖货，小体量账号如果没有商家找上来，也可以自己去平台直播带货里面寻找货源。类似于目前的淘宝客，每个产品都会有明码标价的佣金提成，可以根据自己的账号属性来寻找。

三、提升用户活跃度

1.向用户征集话题

短视频创作团队在长期制作短视频的过程中难免会遇到瓶颈，如果思考不出优秀的选题，可以发起活动向用户征集，这样还能与用户互动，让用户在表达自我的过程中产生参与感。比如某些星座号会在微博发布主题“你与××星座发生过哪些有趣的事”，然后从微博评论中选取具有代表性的事例作为以后短视频的话题。而当用户看到自己亲自参与制作的短视频后，则会有一种亲切感和自豪感。

2.让用户生产内容

引导用户自发生产内容，让用户成为内容的生产者之一，往往可以大幅提升用户的热情。短视频创作团队可以选取一些吸引人的主题，发起征集活动，有兴趣的用户看到后自然会参与其中，从而与短视频创作团队形成良好的互动。比如，某薯片品牌商发起的两场话题挑战赛“是薯片先撩的我”“咔嚓咔嚓浪不停”，分别请了明星和网络达人参与，吸引了大量粉丝模仿。同时还请了不同领域的杰出人才，通过创意玩法引导用户进行各种充满想象力的短视频内容生产。不管是粉丝还是路人都加入了这场挑战赛，从而积累了不少粉丝，扩大了品牌影响力。

3.抛出有争议的话题

有分歧的话题、针锋相对的观点，通常都能调动用户的情绪。比如美食的南北之争、热点事件的争议等，都能提高短视频的热度，吸引用户参与到讨论中。

【任务实施】

步骤一：小组分工合作，完善账号属性

选择合适的渠道，创建账号并完善账号相关内容，注意账号定位和内容创作方向。

步骤二：设计提升用户活跃度的项目

思考与用户互动的不同方式，并进行测试。

步骤三：选择合适的渠道发布已经拍摄制作完成的短视频

了解不同短视频渠道的特点，选择视频合适的受众群体，完成以上步骤后发布制作完成的短视频。

【任务评价与反思】

<table>
<tr><th colspan="7">任务评价</th></tr>
<tr><th rowspan="2">序号</th><th rowspan="2">评价内容</th><th rowspan="2">评价标准</th><th rowspan="2">配分</th><th colspan="3">评分记录</th></tr>
<tr><th>学生互评</th><th>组间互评</th><th>教师评价</th></tr>
<tr><td>1</td><td>账号情况</td><td>能够完善账号属性内容，选择视频对应、合适的短视频平台，并成功发布短视频，且获得一定用户活跃度</td><td>80</td><td></td><td></td><td></td></tr>
<tr><td>2</td><td>沟通交流</td><td>能够和教师、小组成员进行沟通交流，且态度积极、结果有效</td><td>20</td><td></td><td></td><td></td></tr>
<tr><td colspan="3">总分</td><td>100</td><td></td><td></td><td></td></tr>
<tr><th colspan="7">任务反思</th></tr>
<tr><td colspan="7"></td></tr>
</table>

任务二 渠道推广短视频

【任务描述】

根据对任务的理解，优化发布渠道，设计视频封面，选择好短视频的标签和话题，并设置标题。要求优化视频内容，精准选择标签和话题，视频标题有创意。

【任务分析】

新视频流量的分发以附近人群和关注粉丝为主，再配合用户标签和内容标签智能分发。短视频在渠道推广过程中需要优化发布渠道，设计视频封面，精选视频标题并设置标签和话题，这样当视频发出时，视频的完播率、互动率、点赞量、转发量数据反馈才会更好。

【知识准备】

一、优化发布渠道

1. 关于内容的优化调整

根据账号的不同等级进行调整。在账号制作初期没有那么多的粉丝基础时，最重要的就是内容的持续产出，持续地做与定位一致的垂直内容，要让用户觉得靠谱。等到中期处于上升趋势时，要逐步调整为技巧类的内容，每一个视频都需要加上热门的话题。等账号处于后期，粉丝达到一定量之后，在视频内容上就要更追求创意和原创，同时还需要有专业性，应该对运营的内容继续进行适当调整。

2. 关于选题的机制

内容选题一般分为常规选题、热点选题两个系列专题。常规选题一般围绕三个原则：日常的积累、借鉴同行爆款、紧跟同行。而热点选题分为突发热点和固定热点。两者对应的分别是运营团队和营销节点，系列专题方向则分为主题的扩展和专业的输出。这两者根据作品火爆程度进行相应的主题扩展，从而进行一系列的策划。而后者重视的是评论区用户的需求。当有多个选题不知道该怎么选择时，可以根据受众群体、话题程度和相关主题三个维度进行判断。

3. 关于账号的稳定更新

优化运营时一定要持续性地对账号进行更新。就算不能保持更新，也要经常性地登录后台，提高账号的活跃度。稳定更新账号对于个人或品牌的可持续发展非常重要，可以吸引更多的用户关注，增加用户参与和互动，同时也可以建立账号的专业形象和权威性，提高用户对账号的信任和忠诚度。通过合理的更新策略和持续的努力，账号可以在竞争激烈的网络环境中脱颖而出，并保持稳定的增长和发展。

4. 善于利用评论区

评论区是与用户互动的绝佳平台。举行抽奖送福利活动，或者评论时附带相关话题或账号，能大大提高视频活跃度，增加推送概率。

二、设计封面

1. 挑选封面的准则

（1）封面与视频吸睛点相结合

在一段完好的视频中，如果存在非常精彩的瞬间，这个瞬间便是视频封面的最优选择。当视频封面中的人物特别漂亮时，或者封面的画面特别唯美时，那么这条视频的完播率往往很高，用户会点开视频自动寻找封面画面。如若视频中没有特别亮眼的画面，可以在编排时事先制作一张封面。专业化运营还需在视频封面中设置标题，并对整个视频进行内容概括。所以，优质的封面是引导用户完整浏览视频的重点。

（2）封面与主页视频列表的结构相结合

一般内容创作者和专业内容创作者之所以在粉赞比上差距显著，是因为视频账号的标签特点不同。当用户经过短视频平台的主页观看到某条视频并产生兴趣后，发生的第一个动作是点赞，其次才是评论和转发。经过权威的数据计算发现，当用户完成其中一个或者多个过程之后，有近67%的用户将直接划过视频，阅读下一段视频。而剩下33%的用户中，除了有近4%的用户会直接在视频页点击关注外，剩下29%的用户则会访问视频创作者的主页。因而，账号主页的运营往往是提高账号关注转化率的重心。在账号主页中，占幅最大的便是视频的列表页，除了运营账号的头像、昵称、背景、简介之外，视频的列表页是主页运营的重中之重。

视频列表页简练且风格统一，会让用户在视觉上十分舒适，用户能够直接经封面找到自己感兴趣的视频，然后点击观看，最后再关注该账号；若列表页显得乱七八糟，用户在视频列表页很难找到自己喜爱的内容，用户随机点击其中的视频时，所看到的视频很大概率不是自己喜爱的内容，因此用户就会直接跳出，不再关注。在设置视频封面时还有必要确保单条视频的风格与视频列表页的风格一致，以提高用户的体验，进而提高关注转化率。

（3）封面与标题内容相结合

封面的效果要做到用最直观的方式展现视频的主要内容和亮点。因而，封面的内容有必要与标题的内容关联起来，才能有效地解说视频的中心内容，引导用户了解该视频传达的信息。

（4）封面要“精简+痛点”

作为引导性标题的序幕，封面的文字描绘是每一个用户在短视频主页最先看到的视频的内容。因而，封面的文字描绘在本质上并不解说视频的内容本身，而是给用户一个完好阅读该视频的理由。例如在抖音短视频上，因为有海量的视频，根据抖音的算法推荐机制，每个用户所看到的视频大都是自己感兴趣的内容，因而当抖音系统将视频推荐给用户时，这条视频自身就已跳过了用户挑选这个过程，而直接与同行竞争，抢夺用户。久而久之，用户看到的同质化内容将会越来越多，对主页中单个视频的耐心阈值也会不断降低。计算数据显示，有近80%的抖音用户对主页中的单个视频容忍度现已下降到1秒，这也就意味着用户只需1秒钟的思考，就决定是否观看该视频。这就直接要求内容创作者有必要在1秒内勾起用户的观看意愿。而在短短的1秒时间内，最有效的方式便是使用文字直截了当地告知用户视频的内容，让其完整阅读后进行挑选。而最好的文字描绘办法则是参考以往在微信公众号、信息流自媒体等领域对标题的编写，直击目标用户的痛点，并且尽量将字数控制在5～10个字以内，字体清晰、易于识别，最大化地使用这1秒。

（5）动态封面与静态封面的挑选

有视频亮点时挑选动态封面，无视频亮点时挑选静态封面。此外，在账号的设置页面中有一个“通用设置”选项，在通用设置中用户能够选择是否开启动态封面。需要特别留意的是，一旦开启动态封面，账号的视频列表页中所有的视频封面都将围绕着所挑选的视频封面的初始画面进行短时间的循环播映。从用户体验的角度考虑，假如本账号内所有的视频封面初始画面的上下部分均有十分亮眼的吸引点，那么建议开启动态封面，否则不建议开启。这也是绝大多数专业内容创作者不选择开启动态封面的主要原因。

2.视频封面的重要性

视频封面的重要性首要体现在提高视频的完播率上，在短视频平台上这都是通用的。当用户在主页刷到一条视频，首要阅读到的便是视频的封面，封面是否有吸引力往往决定了视频的打开率，这其实和传统的微信公众号、信息流自媒体是一脉相承的。

此外，视频是否有封面，封面是否有标题，往往是最直观体现出该视频是一般内容创作者制造的还是专业内容创作者制造的。经过数据搜集剖析能够知道，一般内容创作者和专业内容创作者最显著的区别之一便是粉赞比的份额，两者都能够打造出百万点赞的爆款视频，但一般内容创作者的账号粉赞比往往低于0.05，而专业内容创作者的视频账号粉赞比0.1就已是不合格的了。

三、精选短视频标题

1.精简式

确立账号定位，确定好受众人群，从而提出一些用户感兴趣的话题。比如“可乐鸡翅怎么做才好吃？三大诀窍让你做出美味鸡翅。”也可以针对生活中很多人都会遇到的问题，来提出一些解决方法。除此之外，也可以提出用户比较关心的事情和一些权威的答案。

2.蹭热门

利用当前热门话题或关键字来命名和定制标题，以吸引更多的点击量和关注度。需要时刻关注社会热点、流行事件、娱乐新闻等，找到内容相关或可以联系起来的热门话题。使用时确保标题准确描述内容，避免使用诱导性的标题，不给用户造成错觉或失望。

3.故事型

利用用户的好奇心，在标题中制造戏剧冲突，比如用一些转折的词语来营造冲突，或使用悬念、疑问或意外的元素来吸引用户的注意力。

4. 总分或分总

总分就是在标题里前半句表明视频的主要内容，后半句从头开始叙述，而分总就是将其颠倒。

5. 挑战常识

同样是激发好奇心，挑战常识类的标题具有两个标志性的特点：一是必须学会运用反问、设问等来增强语言的气势，营造一种神秘的氛围；二是找到一些和人们的常识完全相反的知识点，打破人们的日常看法，激发好奇心。

6. 启发思维

启发思维主要是指标题可以激发用户的想象，或者勾起用户曾经的一些回忆，从情感的角度出发有时候更容易引起共鸣。

7. 对比冲突

没有对比就没有冲突，将一些明显不同的人或事，或者矛盾的对立双方安排在一起，创造出鲜明的对比效果。

8. 留下悬念

标题给用户留下悬念，用户就会产生想要知道背后故事的欲望，通过间接的方式激发了用户的好奇心。

四、设置标签和话题

1. 数量和字数

短视频的标签个数以6～8个为最佳，每个标签的字数在2～4个字。太少的标签不利于平台的推送和分发，太多同样会淹没重点，错过核心粉丝群体。

2. 关联度

标签的内容要切合视频内容，这也是标签首要前提，即“准确”，如果丧失了关联度这一衡量标准，再多的标签也毫无作用。比如，发布美妆类视频，那么标签必然要属于美妆这一范畴内，而不能发散到美食、美景等领域。

3. 热点热词

热点事件既然能成为热点，就意味着有千千万万的网民在关注这一话题。因此，在视频中加入热点、热词、热搜的内容，会加大视频的曝光率，从而获得更多推荐。

4. 目标用户

设置标签的目的就是找到短视频的核心受众，从而获取大量的点击率。在标签中就可以体现出目标人群，从而正中靶心，将视频直接投放到核心受众群体当中。

发布视频——以抖音为例

【任务实施】

步骤一：小组分工合作，通过学习优化发布渠道。

步骤二： 为发布视频设计封面。
步骤三： 为视频选择一个有创意且符合内容的标题。
步骤四： 根据视频内容，选择短视频标签和话题。

【任务评价与反思】

任务评价						
序号	评价内容	评价标准	配分	评分记录		
				学生互评	组间互评	教师评价
1	渠道优化	能够依据短视频内容对相关渠道进行优化，选择的封面、话题和标签精准，且视频封面、标题有创意	80			
2	沟通交流	能够和教师、小组成员进行沟通交流，且态度积极、结果有效	20			
总分			100			
任务反思						

任务三 分析短视频数据

【任务描述】

根据对任务的理解，简单分析短视频数据。要求数据真实有效，能直观看到不同板块的数据，分析这些数据代表的意义。

【任务分析】

短视频发布后还应对视频反馈回来的数据进行分析，以便改进。了解数据分析平台、指标和方法是进行数据分析的第一步。

【知识准备】

数据分析在短视频运营中至关重要。数据分析不仅可以发现账号问题，以便创作者及时作出调整，比如当遇到某个视频播放量急剧下滑时，就可以通过数据分析查出原因，做出相应的调整；还可以对运营策略进行指导，比如对竞争对手账号进行细致分析后，有针对性地优化视频内容，这样通过专业的分析做出的内容更能迎合受众的需求，获得更多的流量。

一、数据分析平台

1.抖查查

抖查查是一款由抖音推出的数据分析工具和服务平台。它通过收集、处理和分析多源数据，帮助用户深入了解和洞察各种信息。该平台不仅提供强大的数据采集和整理功能，还通过先进的分析技术和算法，为用户呈现出精确而有价值的洞察结果。抖查查平台的用户可以利用这些数据，优化业务决策和市场行动，实现更高效和有效的业务发展。无论是监测市场趋势、分析竞争对手、探索观众行为，还是发现新的商机，抖查查平台都能提供有力的支持和帮助。

2.磁力聚星

磁力聚星是快手官方合作的数据服务平台，旨在提供广泛的短视频数据支持。它汇集了来自不同短视频平台的大量观众行为数据和视频数据，并提供数据挖掘和分析的功能，以帮助用户深入了解短视频内容和观众行为。磁力聚星通过采集和整理各个短视频平台上的数据，包括播放量、点赞数、评论数、分享数等用户互动数据，以及视频标签、描述、封面等元数据信息。通过对这些数据进行分析和挖掘，磁力聚星可以提供多维度的数据洞察和见解。除此之外，它还提供了数据可视化工具和报告模板，使用户可以直观地展示和呈现数据分析结果。用户可以根据自身需求，通过磁力聚星平台进行数据搜索、筛选、比对和分析，以发现热门趋势、了解观众兴趣、优化视频内容等。

3.火烧云数据

火烧云数据平台是一个专业的B站数据分析平台，它可以帮助用户了解B站的大盘数据、用户数据、视频数据和品牌数据，以及提供UP主查找、推广分析、舆情分析等功能。火烧云数据平台拥有超过800万个UP主的数据，覆盖了B站的各个分区和类型，可以让用户快速找到合适的UP主资源。它还提供了多维度的数据榜单，包括粉丝量、涨粉率、充电数、播放量、商业价值等，可以让用户对比不同的UP主和视频，发现潜力和热点。

4.新视

新视是新榜旗下视频号数据分析工具，对外发布公众权威的视频号垂类榜单，不仅提供视频号及动态的搜索查找，还提供热门话题及优质脚本等全面数据服务，打通公众号全链路，助力视频号主运营变现。

5.飞瓜数据

飞瓜数据是一个专业的短视频热门视频、商品及账号数据分析平台，大数据追踪短视频流量趋势，提供热门视频、音乐、爆款商品及优质账号，帮助账号运营者完成账号内容定位、粉丝增长、粉丝画像及流量变现。此外，还有热门视频及音乐、热卖商品及带货账号，这些数据分析功能都整合在一个工作台的界面，可以查询包括抖音、快手、B站、微视、秒拍等主流短视频平台数据，功能全面。

二、数据分析指标

1.短视频基础数据指标

（1）播放量

指短视频在某个时间段内被用户观看的次数，代表着短视频的曝光量，是衡量用户观看行为的重要指标。短视频的播放量越高，说明短视频被用户观看的次数越多。

（2）点赞量

指短视频被用户点赞的次数，反映了短视频受用户欢迎的程度。短视频点赞量越高，说明用户越喜欢这条短视频。

（3）评论量

指短视频被用户评论的次数，反映了短视频引发用户共鸣、引起用户关注和讨论的程度。

（4）转发量

指短视频被用户转发的次数，反映了短视频的传播度。短视频被转发的次数越多，所获得的曝光机会就越多，播放量也会增长。

（5）收藏量

指短视频被用户收藏的次数，反映了用户对短视频的喜爱程度，体现了短视频对用户的价值。用户在收藏短视频后很可能会再次观看，从而提高短视频的播放量。

2.短视频关联数据指标

（1）完播率

完播率＝短视频的完整播放次数÷播放量×100%，短视频完播率越高，其获得系统推荐的概率就越高。

（2）点赞率

点赞率=点赞量÷播放量×100%，反映了短视频受欢迎的程度，短视频的点赞率越高，所获得的推荐量就越多，进而提高短视频的播放量。

（3）评论率

评论率=评论量÷播放量×100%，反映了用户在观看短视频后进行互动的意愿。

（4）转发率

转发率=转发量÷播放量×100%，反映了用户在观看短视频后向外推荐、分享短视频的欲望，通常转发率越高越能为短视频带来更多的力量。

（5）收藏率

收藏率=收藏量÷播放量×100%，反映了用户对短视频内容的肯定程度。

三、数据分析方法

1. 可视化分析

可视化分析是一种利用图形和图表等视觉化方法展示数据，以帮助人们发现模式、关联和趋势的分析方法。它将复杂的数据转化为可视化形式，使人们能够更直观地理解数据的含义，并从中获取洞察和决策支持。

可视化分析可以对短视频的观众行为、视频互动数据进行可视化展示，例如观看时长、观看次数、播放量等指标，以及用户评论、点赞、分享等活动。这有助于了解用户对不同视频的感兴趣程度，识别受欢迎的视频内容，从而优化发布策略和内容选择，制定增加用户互动的策略。

2. 数据挖掘算法

数据挖掘算法是一组用于从大规模数据集中提取有用信息和模式的计算方法和技术。数据挖掘算法旨在揭示数据中的隐藏模式、关联和趋势，以支持预测、分类、聚类、关联规则挖掘等任务。

常见的数据挖掘算法有关联规则挖掘、分类算法、聚类算法、预测建模算法、异常检测算法和文本挖掘算法。短视频中常使用异常检测算法识别出在短视频数据中的异常行为，例如虚假点击、刷量行为等。

3. 预测性分析

预测性分析是利用统计模型和机器学习算法对现有数据进行分析，从中推断出未来可能发生的事件、趋势或行为的分析方法。它基于历史数据和已知变量的关系，建立预测模型，通过对未知数据的预测作出推断。

通过分析短视频的播放量、分享和评论数据等，建立预测模型来预测热门视频趋势和话题的演变。这有助于平台及时抓住热点内容，提前进行内容准备和推广，吸引更多的用户参与。

【任务实施】

小组分工合作，根据已发布的短视频，选取一个平台简单分析短视频数据。

【任务评价与反思】

任务评价						
序号	评价内容	评价标准	配分	评分记录		
				学生互评	组间互评	教师评价
1	数据分析	能够分析已发布视频的数据，数据来源真实可靠，分析报告简单明了，有对比性，能分析出数据背后的含义	80			
2	沟通交流	能够和教师、小组成员进行沟通交流，且态度积极、结果有效	20			
总分			100			
任务反思						

【知识巩固】

一、选择题

1. 以二次元文化为主，内容比较垂直的发布渠道是（　）。

   A. 抖音　　B.B站　　C. 小红书

2. 确定好视频的内容方向之后，在制作内容和运营账号时，除了垂直细分内容方向和价值体现，还要注意（　）内容方向。

   A. 内容的差异和持续　　B. 内容的定义　　C. 账号粉丝数

3. （　）不能提升用户活跃度。

   A. 向用户征集话题　　B. 发布视频　　C. 让用户生产内容

4. 以下（　）标题属于设置悬念型。

   A. “100种简单减脂午餐教学”

   B. “老师现场提了一个问题，同学的回答亮了”

   C. “有经验的管理者是如何带团队的？”

5.利用当前热门话题或关键字来命名和制定标题，以吸引更多的点击量和关注度，属于（ ）类型的标题技巧。

A.蹭热门 B.精简式 C.故事型

二、判断题

1.任何视频都要回归到内容的本质上，内容要对用户产生价值。（ ）

2.总分就是在标题里后半句说明视频的主要内容，前半句从头开始叙述，而分总就是将其颠倒。（ ）

3.引导用户自发生产内容，让用户成为内容的生产者之一，往往可以大幅提升用户的热情。（ ）

4.太少的标签不利于平台的推送和分发，太多同样会淹没重点，错过核心粉丝群体。（ ）

5.可视化分析是一组用于从大规模数据集中提取有用信息和模式的计算方法和技术。（ ）

三、简答题

1.短视频账号发布渠道如何优化？

2.常用的短视频数据分析方法有哪些？

知识巩固
参考答案

参考文献

[1] 刘映春，曹振华. 短视频制作：全彩慕课版[M]. 北京：人民邮电出版社，2022.

[2] 李建容，王旭，瞿张维. 小视频一本通[M]. 北京：中国财政经济出版社，2021.

[3] 刘晓梅. 数字影音编辑与合成：Premiere Pro CC[M]. 北京：高等教育出版社，2018.